北京市中小学科技活动教材
新科学探索丛书/神秘的宇宙

璀璨的深空

——带你进入宇宙深处

CUICANDESHENKONG

北 京 市 教 育 委 员 会
北京师范大学科学传播与教育研究中心
组织编写

北京师范大学出版集团
BEIJING NORMAL UNIVERSITY PUBLISHING GROUP
北京师范大学出版社

图书在版编目（CIP）数据

璀璨的深空：带你进入宇宙深处／王萌主编.—北京：
北京师范大学出版社，2009.8
（新科学探索丛书／李亦菲，崔向红主编）
ISBN 978-7-303-10358-4

Ⅰ.璀… Ⅱ.王… Ⅲ.宇宙－青少年读物 Ⅳ.P159-49

中国版本图书馆CIP数据核字（2009）第117406号

北 京 市 教 育 委 员 会
北京师范大学科学传播与教育研究中心　　组织编写

出版发行：北京师范大学出版社 www.bnup.com.cn
　　　　　北京市新街口外大街19号
　　　　　邮政编码：100875
印　　刷：北京市大天乐印刷有限责任公司
经　　销：全国新华书店
开　　本：170 mm×240 mm
印　　张：8
字　　数：112千字
版　　次：2009年8月第1版
印　　次：2009年11月第1次印刷
定　　价：22.00元

责任编辑：张佳蕾　佈仁巴达拉　张才曰　　选题策划：石　雷　张佳蕾
责任校对：李　菡　　　　　　　　　　　　美术设计：红十月
封面设计：红十月　　　　　　　　　　　　责任印制：吴祖义

编委会

　　近年来，随着科技教育理念的更新，我国中小学生的科技活动发生了重要的变化。从内容上看，日益从单纯的知识和技能的传授转向对科学方法、科学精神和技术创新能力的关注；从形式上看，日益从传授和训练类活动转向体验和探索类的活动；从途径上看，日益从课内外、校内外相互割裂的状况转向课内外和校内外相结合。这些转变对全面提高我国青少年的科学素养，使他们尽快成长为适应知识社会需要的创新型人才具有重要的意义。然而，以上转变的实现还受到科普和科技教育资源缺乏以及高水平师资力量短缺的制约。在资源方面，我国中小学校的科技活动长期采用"师傅带徒弟"的经验主义模式，缺乏系统的学习内容，也没有规范的教学指导用书和配套的工具器材；在师资力量方面，我国还缺乏一支专业化的科技活动教师队伍，绝大部分科学学科的教师只是关注知识的传授和训练，忽视科学方法和技术创造能力的培养。

　　值得欣慰的是，在一些办学条件较好和办学理念先进的学校中，在以科技教育为重点的校外科技教育机构中，活跃着一批长期致力于组织和指导学生开展科技活动的科技辅导教师。他们是特定科技项目的"发烧友"，每个人都有令人叹服的独门绝活；他们是学生科技活动的"引路人"，每个人都有技艺超群的得意门生。为了更好地发挥这些科技辅导教师的作用，北京师范大学科学传播与教育研究中心和北京市教育委员会体育美育处在科技教育新理念的指导下，组织北京市校外教育单位和中小学长期从事科技活动辅导的优秀教师、相关领域的科学家、工程师和工艺师等，对当前中小学校开展的各种科技活动项目进行了细致的分析和梳理，编写了这套《新科学探索丛书》。

　　这是一套适用于中小学生开展科技活动的新型科普图书，包括神秘的宇宙、航天圆梦、地球探秘、奇妙的生物、电子控制技术、创新设计、生活万花筒、模型总动员等8个系列，每个系列将推出5～10个分册。每个分册约包含12～20个课题，可用于一个学期的中小学科技活动选修课教学。为满足科技活动课教学的需要，每个课题都以教学设计的形式编写，包括引言、阅读与思考、实践与思考、检测与评估、资料与信息五个组成部分。

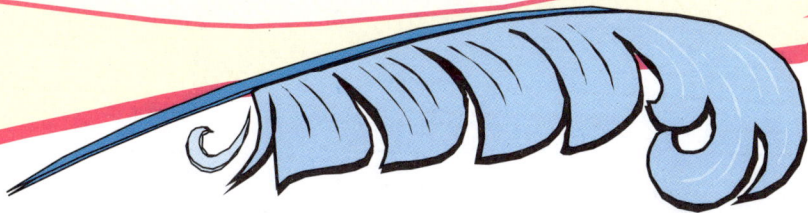

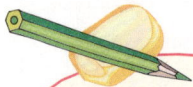

前言

1. 引言

提供一幅反映本课题内容的图片，并从能激发学生兴趣的实物、现象或事件出发，引出本课题的学习内容和具体任务。

2. 阅读与思考

以图文并茂的方式，提供与本课题有关的事件及相关人物、重要现象、基本概念、基本原理等内容，在确保科学性的前提下力求做到语言生动、通俗易懂。为了引导学生在阅读过程中积极思考，通常结合阅读内容设置一些思考性问题。

3. 实践与思考

提供若干个活动方案，指导学生独立或在教师指导下开展各种实践活动，主要包括科学探究、社会调查、设计制作、多元表达（言语、绘画、音乐、模型等）、角色扮演等类型的活动。活动方案一般包括任务、材料与工具、过程与方法、实施建议等组成部分。为了引导学生在活动过程中积极思考，通常结合活动过程设置一些思考性的问题。

4. 检测与评估

一方面，利用名词解释、选择题、简答题、计算题等试题类型，对学生学习本课题知识性内容的结果进行检测。另一方面，对学生在"实践与思考"部分开展的活动提供评估标准和评估建议。

5. 资料与信息

一方面，提供可供学生阅读的书籍、杂志、网站等资料的索引；另一方面，提供购买或获得在"实践与思考"部分开展的活动所需的材料和工具的信息。

虽然这套教材的编写既有基于理论指导的宏观策划与构思，又有源于实践积淀的微观设计与操作，但由于编写规模庞大、参与编写的人员众多，呈现在广大读者面前的各个分册出现不能令人满意的情况是难免的。在此真诚地希望使用本套丛书的教师和学生能对各个分册中出现的问题提出批评，也欢迎从事科技活动的优秀教师参与到本套丛书的编写和修改中来，让我们共同为提高我国中小学科技活动的水平，提高我国中小学生的科学素养做出贡献。

李亦菲

2007 年 6 月 30 日

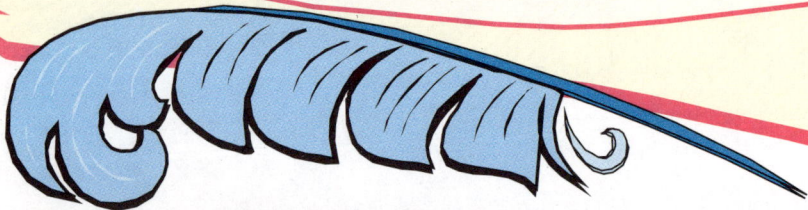

加强青少年科技教育是中小学的一项重要任务，积极开展青少年科技活动是对青少年进行科技教育的有效方法和重要途径。

随着基础教育课程改革的深入，许多学校开设了以研究性学习为主体的综合实践活动课程。新的课程体系为中小学生开展科技活动提供了必要的时间和广阔的空间。

科技活动是一项知识性、实践性和操作性都很强的教育活动。如何在科技活动中培养青少年的科学态度和科学精神，保证科技活动的科学性和规范性是教育工作者面临的重要课题。为此，北京市教育委员会体育美育处与北京师范大学科学传播与教育研究中心在联合开展课题研究的基础上，组织北京市100多所科技教育示范学校和校外教育机构的优秀科技教师，用3年时间研发了一套中小学科技活动教材——《新科学探索丛书》。

《新科学探索丛书》在编撰过程中，努力在"三个有机结合"上下工夫：首先，着力实现知识学习与动手操作的有机结合。在本套丛书的每个单元中，"阅读与思考"部分提供了图文并茂的阅读材料，使学生了解有关知识；"实践与思考"部分提供了简明实用的科技活动方案，以引导学生有序地开展科技活动。

其次，着力实现课（校）内学习与课（校）外拓展的有机结合。在知识性学习内容中，"阅读与思考"部分主要适合于课内讲解或阅读，"资料与信息"部分则主要适合于学生在课外阅读；在"实践与思考"部分所提供的活动方案中，既有适合于课（校）内完成的，也有适合于课（校）外完成的；在"检测与评估"内容中，检测部分主要适合于在课内进行测试，评估部分主要适合于在课外进行评估。

第三，着力实现科学学习和艺术欣赏的有机结合。本套丛书采用了图文并茂的写作风格，对文字和图片的数量进行了合理的调配，对图片进行精心的挑选，对版面进行细致的设计，使丛书的亲和力和感染力大为提高。

相信本套图书对丰富中小学生科普知识，提高中小学生的动手实践能力将大有裨益。愿本套图书成为广大中小学生的良师益友。◀

郑萍

2009 年 7 月

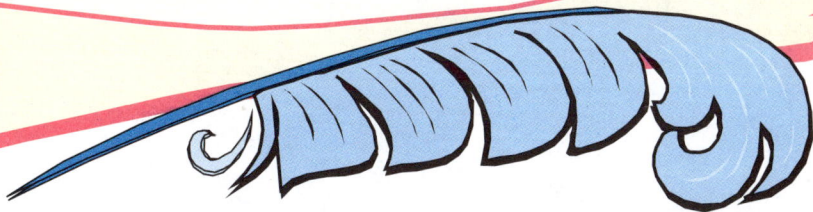

分册简介

　　宇宙广袤无垠，太阳系不过是沧海中的一滴水，神秘的变星、美丽的星云、壮观而又略显悲凉的超新星遗迹，遥远的空间里还有很多内容等待着同学们去了解、去学习。本书就是一把打开深空大门的钥匙，带领大家去探索其中的奥秘。

　　本书介绍了太阳系以外的一系列深空天体：双星、超新星、星云、星团、星系等。作为一本中学天文选修课的教材，理论计算、光学分析等相关经典教材上的内容并不是本书的重点。如何让学生利用相关设备观测深空天体，在探索深空天体方面如何开展适合学生的天文科普教学活动才是我们的落脚点。

　　本书的作者是北京市东城区青少年科技馆的王萌老师。本书在写作过程中还邀请了北京市天文科普名师费元良先生作为科技顾问，特此表示感谢。希望本书能够作为广大中小学生了解宇宙深空天文的奥秘，为开展校园天文科普做出应有的贡献。

　　本书的编写单位是北京市东城区青少年科技馆，该馆拥有一支具有中学高、中级专业技术职称的教师队伍，已成为全区中小学科技活动中心、研究中心和培训中心。十几年来，该馆培养了几百名在全市、全国以及世界科技竞赛中获奖的学生。1999年荣获了全国科技活动先进集体称号，2000年又被国家体育总局命名为全国航空航天重点单位。

　　为了使本书内容更丰富、形式更活泼，书中采用了一些珍贵的图片，由于种种原因，我们没能与部分图片的著作权人及时联系上，恳请各位见书后能与我们联系，我们将依照国家的有关规定及时付酬。在此也特别感谢各位对我们的理解和支持！

目录

恒星世界 1
HENGXINGSHIJIE

夜晚，我们仰望星空，看到的满天繁星，绝大多数都是类似于太阳的恒星。因为距离遥远，恒星看起来若隐若现，并不起眼，但它们绝对算得上是星星家族中的巨人，庞大的体积，极高的温度……本单元就让我们一起走进壮丽的恒星世界！

阅读与思考

恒星是由炽热气体组成的、能自己发光的球状或类球状天体，是在熊熊燃烧着的星球。一般来说，恒星的体积和质量都比较大。只是由于离地球太遥远的缘故，星光才显得微弱。

古代的天文学家认为恒星在星空中的位置是固定的，所以给它起名恒星，意思是"永恒不变的星"。可是我们今天知道，它们在不停地高速运动着，比如太阳就带着整个太阳系在绕银河系的中心运动。但别的恒星离我们实在太远了，以至于我们难以觉察到它们的位置变动。

思考1：宇宙中存在绝对静止的物体吗？

一、恒星的命名

猎户座主要恒星命名

天上的恒星数量众多，怎么才能加以辨认呢？给恒星命名是一个重要的任务。目前国际上通用的恒星命名规则是这样的：一颗恒星的名字由两个部分组成，前半部分为一个希腊字母，后半部分则是恒星所处星座的属格。原则上一个星座之中最亮的那一颗星被称为 α，第二亮的就会是 β，接着是 γ、δ…依此类推。但实际上在很多星座中，α 星未必就是光度最大的那一颗星，次序被颠倒的例子并不罕见。希腊字母只有24个，要命名同一星座中更多的恒星时，就需要用数字来继续编号。

中国作为一个拥有5 000年文明历史的古国，在对恒星的命名方面也有着自己独特的规则。中国古代把天空分为中、东、西、南、北五大天官。中官又分为三垣，分别是紫微垣、太微垣和天市垣。

东、西、南、北四官又叫做四象，即东方苍龙、西方白虎、南方朱雀、北方玄武。每一象中又分为七个星宿，东方苍龙之象中包括角、亢、氐、房、心、尾、箕七宿；西方白虎之象中包括奎、娄、胃、昴、毕、觜、参七宿；南方朱雀之象中包括井、鬼、柳、星、张、翼、轸七宿；北方玄武之象中包括斗、牛、女、虚、危、室、壁七宿，共二十八星宿。这就是著名的三垣二十八宿。中国古代把天上的恒星分为几个"星官"，每个星官包含的星数不等：少则一颗星，如"天狼""天关"等；多则数颗甚至数十颗星，如"羽林军"包含45颗星；也有少数星官每颗星都另有专名，如北斗星官中的7颗星。另外很多恒星就用星宿的名字来命名，比如说，参宿四、毕宿五、心宿二、角宿一等。直到现在，中国的天文学家仍用此法称呼星。

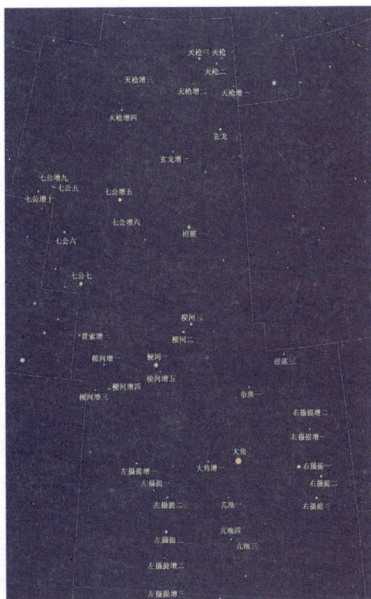

牧夫座，标注了中国星官的名称

思考2：努力想一想，尽可能多地说出你知道的星官的名字。

二、恒星的视星等

恒星的亮度常用星等来表示。恒星越亮，星等越小。在地球上测出的星等叫视星等。公元前2世纪古希腊天文学家喜帕恰斯在爱琴海的罗德岛上建起了观星台。他在天蝎座中发现了一颗陌生的星，于是决定绘制一份详细的恒星天空星图。经过不断的努力，一份标有1 000多颗恒星精确位置和亮度的恒星星图终于在他手中诞生了。为了清楚地反映出恒星的亮度，喜帕恰斯将恒星按亮度分成不同等级。他把看起来最亮的20颗恒星作为1等星，把眼睛能看到的最暗弱的恒星作为6等星。在这中间又分为2等星、3等星、4等星和5等星。

1850年，由于光度计在天体光度测量中的应用，英国天文学家普森把我们用肉眼能看见的1等星到6等星做了比较，发现星等相差5等的亮度之比约为100倍，于是提出了衡量天体亮度的单位。一个星等间的亮度比规定为$\sqrt[5]{100}$，即约2.512倍，1等星比2等星亮2.512倍，2等星比3等星亮2.512倍，依此类推。由于星等范围太小，又引入了负星等这一概念来衡量极亮的天体，把比1等星还亮的定为0等星，比0等星还亮的定为–1等星，依此类推。

思考3：视星等是否反映出了恒星的真实发光强度，为什么？

天蝎座 α 视星等0.96

思考4：查阅资料，说出全天最亮的21颗恒星的名字。

三、恒星的大小

恒星的大小相差很大，有的像巨人，有的似侏儒。地球的直径约为13 000千米，太阳的直径是地球的109倍。巨星是恒星世界中的大个头，它们的直径要比太阳大几十到几百倍。超巨星就更大了，红超巨星心宿二（即天蝎座 α）的直径是太阳的600倍；红超巨星参宿四（即猎户座 α）的直径是太阳的900倍，假如它处在太阳的位置上，那么它的大小几乎能把木星也包进去。它们还不算最大的，仙王座VV是一对双星，它的主星的直径是太阳的1 600倍，而HR237直径为太阳的1 800倍。还有一颗叫做柱一的双星，其伴星比主星还大，直径是太阳的2 000~3 000倍。这些巨星和超巨星都是恒星世界中的巨人。

看完了恒星世界中的巨人，我们再来看看它们当中的侏儒。在恒星世界当中，太阳的大小属中等，比太阳小的恒星也有很多，其中最突出的要数白矮星和中子星了。白矮星的直径只有几千千米，和地球差不多，中子星就更小了，它们的直径只有 20 千米左右，白矮星和中子星都是恒星世界中的侏儒。我们知道，一个球体的体积与半径的立方成正比。如果拿体积来比较的话，上面提到的柱一就要比太阳大90多亿倍，而中子星就要比太阳小几百万亿倍。由此可见，巨人与侏儒的差别有多么悬殊。

织女星　牛郎星　　　　太阳
大角星
心宿二

几个恒星体积的对比

思考5：想一想恒星的大小与它们的寿命有关系吗？

四、恒星的距离

恒星的星等相差很大，这里面固然有恒星本身发光强弱的原因，恒星离我们的距离也是重要影响因素。离我们较近的恒星可以用三角视差法来测量距离。16世纪哥白尼公布了他的日心说以后，许多天文学家试图测量恒星的距离，但都由于它们的数值很小以及当时的观测精度不高而没有成功。直到19世纪30年代后半期，才取得成功。照相术在天文学中的应用使对恒星距离的观测变得简便，而且精度大大提高。自20世纪20年代以后，许多天文学家开展这方面的工作，到20世纪90年代初，已有8 000多颗恒星的距离被用照相术测定。20世纪90年代中期，依靠"依巴谷"卫星进行的空间天体测量获得成功，在大约 3 年的时间里，以非常高的准确度测定了10万颗恒星的距离。

恒星的距离，若用千米来表示，数字实在太大，为使用方便，通常采用光年作为单位。1光年是光在一年中走过的距离。真空中的光速是每秒30万千米，乘一年的秒数，得到1光年约等于9.46万亿千米。离我们最近的恒星是半人马星座的南门二星，距离为4.3光年。

思考6：什么是视差，如何利用它来测量恒星的距离？

实践与思考

活动 1 恒星的目视观测

活动任务

熟悉恒星的位置，识别及认识恒星。

活动准备

双筒望远镜、观测天区星图、光线暗弱的红灯（手电筒）。

活动提示

为了观测到更暗的恒星，我们需要找一块天空背景足够黑暗且视线不受遮挡的场地。这就要求一定要远离夜晚灯光明亮的城镇地区，选择无月且大气能见度高的夜晚。如果冬季观测，要注意保暖。

活动步骤

❶ 制订观测计划，确定目标，原则是先观测西部天空的天体。

❷ 对照星图，熟悉星空，确定所观测目标的大致位置。

❸ 闭眼一分钟，使眼睛适应黑暗。

❹ 开始识别恒星，当识别完肉眼可看到的恒星后，使用双筒望远镜观察肉眼看不到的恒星。

思考7：通过观测你会发现，天空中的恒星都在"眨眼"，原因是什么？看看当晚天空有没有"不眨眼"的星星，如果有，原因又是什么？

活动 ② 视差法测距原理

活动步骤

如图1，在B点观察几十米以外的物体D，A为BD延长线上极远处的一个参考点。人沿垂直于ADB的方向移动到C点（BC称为基线）再观察D。由于A点极远，可以认为$BA \parallel CA$，即$\angle\theta = \angle\theta'$。在$CD$线上取点$S$，过$SO$作$SO \perp CA$，可以看出$\triangle BCD \backsim \triangle OSC$，如果$OS$、$OC$和$BC$长度已知，则$BD = \dfrac{OC}{OS} \cdot BC$。

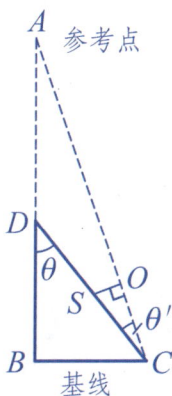

图1

按此法测得的BD误差较大，用下面的方法可以减少测量误差。

如图2，由B点观察被测点D，记下B点位置和BD方向。沿BD的垂直方向将观察点由B点移到C点重新观察D点，记下C点位置和CD方向。在BD和CD线上截取$BB'=CC'$。由于$BD \gg BC$，故B、C可以看成以D为圆心、DB为半径的圆弧上的两点，所以

$B'C' /\!/ BC$
由$\triangle DB'C' \backsim \triangle DBC$，有
$$\frac{DB}{DB'} = \frac{BC}{B'C'}，即 \frac{DB-DB'}{DB'} = \frac{BC-B'C'}{B'C'} = \frac{BB'}{DB'}$$

可得$DB' = \dfrac{BB' \cdot B'C'}{BC-B'C'}$

所以$DB = BB' + DB' = BB' + \dfrac{BB' \cdot B'C'}{BC-B'C'}$

只要测出BB'、$B'C'$、BC，即可计算出DB。

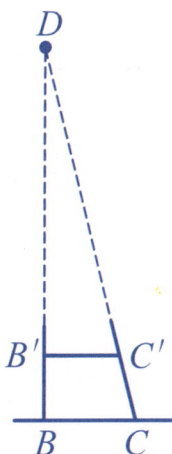

图2

检测与评估

一、检测

① 填空题

（1）用肉眼观察，星空中最亮的恒星是 _____。

（2）一个视力正常的人，在晴朗的夜晚到无光害的地方观赏星星，直接用肉眼看到最亮的恒星为____等星，最暗的恒星星等约为_____。

② 简答题

（1）请按照由亮到暗的顺序，依次说出全天最亮的10颗恒星。

（2）请试着为猎户座第37亮的恒星命名。

（3）查一查资料，测定天体的距离除了可以利用三角视差法外，还可以有哪些方法？

二、评估

项目＼评估	等级（A好、B一般、C不好）		原因或补充
阅　读			
活　动	活动1		
	活动2		
思考题			
检测题			

资料与信息

一、 参考资料

❶ 斯隆数字巡天：http:// www.sdss.org

❷ 星系动物园：http:// www.galaxyzoo.org

二、 参考信息：星等

星等分为两种：目视星等及绝对星等。

目视星等：指我们用肉眼所看到的星等。看来既不突出又不明亮的恒星，发光本领不一定差。道理十分简单：我们所看到的恒星视亮度，除了与恒星本身所辐射光度有关外，距离的远近也十分重要。同样亮度的星球，离我们比较近的，看起来比较亮。所以，晦暗的恒星并不代表它比比较亮的恒星暗淡。

绝对星等：由于目视星等并没有实际的物理学意义，于是天文学家用绝对星等来描述星体的实际发光本领。假想把所有的星体放在10秒差距（即32.6光年，秒差距亦是天文学上常用的距离单位，1秒差距=3.26光年）远的地方，所观测到的视星等，就是绝对星等了。通常绝对星等以大写英文字母 M 表示。目视星等和绝对星等可用公式转换，公式如下：

$M = m + 5 - 5 \lg r$

M 为绝对星等；m 为目视星等；r 为距离。

提示与答案

阅读与思考

思考1：不存在绝对静止的物体。

思考2：略。

思考3：不能，视星等是指我们用肉眼所看到的星等，没有实际的物理学意义。因恒星距离的远近、宇宙物质的遮挡等原因，我们看到的不是恒星的真实发光强度。

思考4：略。

思考5：有关系，一般认为越大的恒星越短命。

思考6：观测者在两个不同位置观测同一天体的方向之差。可用观测者的两个不同位置之间的距离（基线）在天体处的张角来表示。天体的视差与天体到观测者的距离之间存在着简单的几何关系，因此能以视差的值表示天体的距离，而以此测定天体距离的方法称为三角视差法。在测定太阳系内天体的距离时，以地球半径为基线，所得视差称为周日视差。在测定恒星的距离时，以地球绕太阳公转的轨道半径（即太阳和地球的平均距离）为基线，所得视差称为周年视差。

实践与思考

思考7：恒星会眨眼，是因为恒星距离遥远，我们看到的是一个点，视线很容易被大气扰动。行星是不眨眼的，行星距离地球较近。我们看到的是行星的一面，面是由很多点组成的，同一时间不可能所有的点都被大气扰动，所以我们看到的是比较稳定的星光。

检测与评估

1 填空题

（1）天狼星

（2）-1.45　6

2 简答题

（1）由亮到暗的顺序：①天狼（大犬座 α）；②老人（船底座 α）；③南门二（半人马座 α）；④大角（牧夫座 α）；⑤织女一（天琴座 α）；⑥五车二（御夫座 α）；⑦参宿七（猎户座 β）；⑧南河三（小犬座 α）；⑨水委一（波江座 α）；⑩马腹一（半人马座 β）。

（2）略（参见文中的介绍方法）。

（3）天文学家在测量天体距离时，除了利用三角视差法外，还有诸如分光视差法、星团视差法、统计视差法、造父视差法和力学视差法等来测定恒星的距离。恒星距离的测定，对研究恒星的空间位置、求得恒星的光度和运动速度等，均有重要的意义。其他方法的测量原理，请同学们查阅相关资料。

天文望远镜 2

1609年，一个意大利人首次将自己制作的一台光学仪器指向了夜空，发现了诸如月球环形山、木星的卫星等千百年来人们从未看到过的景象。至此，人类的天文学研究发展到了一个崭新的阶段。本单元我们就来了解一下这种天文学最基本的，也是广大天文学家和天文爱好者必备的观测仪器——天文望远镜。

阅读与思考

一、光学天文望远镜的分类

光学天文望远镜一般由物镜、物镜镜筒、目镜及寻星镜等部分构成。根据物镜结构的不同，光学天文望远镜大致可以分为三大类：

1. 透镜作为物镜的，称为折射望远镜。

2. 反射镜作为物镜的，称为反射望远镜。

3. 包含透镜，又有反射镜的，称为折反射望远镜。

相比之下，折射天文望远镜用途较广，使用方便，比较适合在天文普及活动中使用。

> **思考1**：查一查资料，看看第一台天文望远镜是谁发明的，发明者利用它都发现了什么。

二、天文望远镜的基本光学性能

了解了天文望远镜的基本分类后，还应掌握一些天文望远镜的基础知识。天文望远镜的性能主要由以下几个方面来反映：

（一）物镜口径（D）

望远镜的物镜口径一般指有效口径，也就是通光口径（不是简单指镜头的直径大小）。物镜口径是望远镜聚光本领的主要标志，也决定了望远镜的分辨率。它是望远镜所有性能参数中的第一要素。望远镜的口径愈大，聚光本领就愈强，也就愈能观测到更暗弱的天体，观测亮天体也会更清楚，它反映了望远镜观测天体的能力。因此，天文爱好者在经济条件许可的情况下，应尽量选择口径较大的望远镜。

（二）相对口径（A）与焦比（$1/A$）

相对口径A又称光力，它是望远镜的有效口径D与焦距F（物镜中心到焦点的距离叫做物镜的焦距，用符号F来表示）之比，即$A=D/F$。它的倒数（$1/A$）

叫焦比（即F/D，照相机上称为光圈数）。例如：70060天文望远镜的相对口径A（$=60/700$）$\approx 1/12$，焦比F/D（$=700/60$）≈ 11.67。相对口径越大对观测行星、彗星、星系、星云等延伸天体越有利，因为它们的成像照度与望远镜的相对口径的平方（A^2）成正比；而流星或人造卫星等所谓线形天体的成像照度与相对口径A和有效口径D的积（D^2/F）成正比。因此，在进行天体摄影时，要注意选择合适的A或焦比。

一般来说，折射望远镜的相对口径都比较小，通常在$1/15 \sim 1/20$，而反射望远镜的相对口径都比较大，常在$1/3.5 \sim 1/5$。观测有一定视面的天体时，其视面的线大小和F成正比，其面积与F^2成正比。像的亮度与收集到的光量成正比，即与D^2成正比；和像的面积成反比，即与F^2成反比。

（三）放大率

望远镜物镜焦距（F）和目镜焦距（f）之比叫做望远镜的放大率。一架天文望远镜会配备好几个不同焦距的目镜，因此可以得到不同的放大倍率。不少人提到天文望远镜时，首先考虑的就是放大倍率。其实，天文望远镜和显微镜不一样，观测时，绝不是以最大倍率为最佳，而应以观测目标最清晰为准。

对于普通的天文望远镜来说，最高的有效倍率大约是其口径（以毫米为单位）的2倍，超过了这个倍率，就很难进行清晰的观测了。

（四）视场

望远镜的成像良好区域所对应的天空角直径的范围叫望远镜的视场，常用角度来表示，与放大率成反比。这里的角直径是以角度做测量单位时，从一个特定的位置上观察一个物体所得到的"视直径"。

望远镜若存在大的像差，视场边上的像就会很差，成像的良好区域小，自然视场就小。对于星系或特殊天体的巡天观测必须要有大视场的望远镜，这样，一次观测就可以覆盖比较大的天区。

折反射望远镜的焦距比较短，而且光学系统的像差消得比较好，故它的视场可达十几度。一般反射望远镜的视场小于1度。

（五）分辨角

分辨角是指望远镜能够分辨出的最小角距。目视观测时，望远镜的分辨角=140/D（角秒/毫米），D为物镜的有效口径。望远镜的口径越大，分辨本领越高，也就越能更细地分辨天体的结构，观测更多、更暗的天体。由于地球大气存在湍流的影响，加上望远镜的光学镜面会有像差，所以实际的分辨本领远低于理论值。

（六）极限星等（贯穿本领）

星等是用来表示天体相对亮度（即晴好天气在地面上观测的亮度，而不是它们的真实亮度）的数值，星等数值越大，亮度越小。例如：太阳约为-26.5等、满月（平均亮度）约为-12.7等、天狼星约为-1.6等、织女星约为0.1等、牛郎星约为0.9等、北极星（小熊座α）约为2.1等……1等星比6等星亮100倍。在晴朗无月的夜间，如果我们将望远镜指向天顶，所能看到的最暗星的星等，称为望远镜的极限星等（也称贯穿本领）。人眼一般能看见的最暗星等约为6等，而望远镜可以看见的最暗星等主要是由望远镜的有效口径决定的，口径愈大，看见的星等也就愈高（如50毫米的望远镜可看见10等星，500毫米的望远镜就可看到15等星）。当然，实际上除了望远镜的有效口径外，极限星等还与望远镜物镜的吸收系数、大气吸收系数和天空背景亮度等诸多因素有关。对于照相观测来说，极限星等还与露光时间及底片特性等有关。

> **思考2：使用望远镜观测时，是否放大倍率越大就越好呢？想一想原因。**

三、选择适合学生使用的天文望远镜

1.选择什么样的天文望远镜要看你的观测目标是什么。行星和日月观测及摄影要选长焦距，深空摄影要选小焦比的，彗星观测及寻星镜口径要大（集光力强，同等价格反射望远镜的口径最大）。

2.寻星镜的口径应该选择较大的为好。天文望远镜的主镜担负着观测的主角。但是，许多天文观测不是光靠主镜就能全部顺利完成的。它也需要有助手，这就是寻星镜。为了能迅速地搜寻到待观测的天体，常常在主镜旁附设一个小型天文望远镜，它就是寻星镜。寻星镜一般都采用折射式的天文望远镜。它的光轴与主镜光轴平行，以保持与主镜的目标一致。寻星镜物镜的口径一般在5～10厘米左右，视场在30～50左右，放大率在7～20倍左右，焦平面处装有供定标用的十字丝。观测时，先用寻星镜找到待观测的天体，将该天体调到视场中央。这时，该天体自然也就在主镜视场中央了。

3. 要选择牢固结实的三脚架。如果忽视了三脚架、赤道仪、经纬仪、地平式支架等支架的重要性，等使用望远镜时才发现支架摇晃，就无法进行观测。支架虽然是望远镜的附件，但其重要性是不可忽视的。尤其是望远镜在高倍观测的状态下，很轻微的晃动就会使得视场偏离观测目标。

4. 对于初学者，入门选口径为60毫米或80毫米的折射望远镜最佳。理由如下：

第一，携带方便，可以经常出外观测实践。

第二，升级以后可以作为寻星镜。

第三，使用及维护方便。

思考3：现在我们要对火星进行观测，请你根据所学知识，选择一种适合的天文望远镜。

实践与思考

活动 参观天文馆，认识天文望远镜

活动任务

参观当地的天文馆、天文台等科普场所，认识、了解各种不同类型的天文望远镜。

思考4：留意一下，这些专业机构中的大型望远镜都是什么类型的，原因是什么？

检测与评估

一、检测

① 填空题

（1）光学天文望远镜根据物镜的结构不同，可以分为 _____、_____、_____。

（2）光学天文望远镜的主要参数有：_____、_____、_____、_____、_____、_____。

（3）口径相同的两台折射望远镜焦距分别是600毫米和1 000毫米，分别配置焦距15毫米和25毫米的目镜，这两台望远镜观测效果最有可能不同的是_____。

② 简答题

（1）一个大个儿的黑苍蝇落在了一台天文望远镜的物镜上。当一个观测者用这台望远镜观测月亮时，他会见到什么？

（2）一台焦距为800毫米的折射式天文望远镜，当使用焦距为10毫米的目镜时，望远镜的放大率是多少？

二、评估

项目 ＼ 评估	等级（A好、B一般、C不好）	原因或补充
阅　读		
活　动		
思考题		
检测题		

资料与信息

一、参考资料

❶ 冯克嘉等. 中国业余天文学家手册. 北京：高等教育出版社，1993.

❷ 《天文爱好者》杂志社编. 天文爱好者. 北京：北京科学技术出版社.

二、参考信息：望远镜的发展史

1608年荷兰眼镜商人李波尔赛偶然发现用两块镜片可以看清远处的景物，受此启发，他制造了人类历史上第一架望远镜。

1609年，伽利略制作了一架口径4.2厘米、长约1.2米的望远镜。望远镜是用平凸透镜作为物镜，平凹透镜作为目镜。这种光学系统被称为伽利略式望远镜。天文学从此进入了望远镜时代。1611年，开普勒在其光学著作中首先论述了望远镜，并于1615年首次制造出以改正透镜为目镜的望远镜——开普勒望远镜。现在人们用的折射式望远镜还是这两种形式。

　　1897年，口径为102厘米的叶凯士望远镜建成。由于从技术上无法铸造出大块完美无缺的玻璃做透镜，加之重力使大尺寸透镜变形而丧失明锐的焦点，此后再也没有更大的折射望远镜出现。

　　第一架反射式望远镜诞生于1668年。牛顿经过多次磨制非球面的透镜均告失败后，决定采用球面反射镜作为主镜。这种系统称为牛顿式反射望远镜。其后又有卡塞格伦、格雷戈里等类型的反射望远镜问世。在反射式望远镜发明后的近200年中，反射材料一直是其发展的障碍。1856年德国化学家尤斯图斯·冯·李比希研究出一种方法，在玻璃上涂一层薄银，再经轻轻地抛光后，就可以高效率地反射光。这样，就使得制造更好、更大的反射式望远镜成为可能。

　　1918年末，口径为254厘米的胡克望远镜投入使用。哈勃的宇宙膨胀理论就是用胡克望远镜观测的结果。

　　1948年，美国建造了口径为508厘米的望远镜，并将它命名为海尔望远镜。1976年，苏联建造了一架口径为600厘米的望远镜，但它发挥的作用还不如海尔望远镜。

　　1930年，德国人施密特将折射望远镜和反射望远镜的优点（折射望远镜像差小，但有色差而且尺寸越大越昂贵；反射望远镜没有色差、造价低廉且反射镜可以造得很大，但存在像差）结合起来，制成了第一台折反射望远镜。1941年，马克苏托夫用一个弯月形状的透镜作为改正透镜，制造出另一种类型的折反射望远镜。

　　现在，望远镜正朝着更大的倍数、更小的体积、更宽广的用途发展。其制造也由当初的单纯球面技术转向了越来越多的非球面技术。

提示与答案

阅读与思考

　　思考1：略。

　　思考2：不是，选用多大放大率的望远镜是根据你所观测的天体而定。

　　思考3：使用长焦距的折射望远镜。

实践与思考

　　思考4：略。

检测与评估

① 填空题

（1）折射望远镜　反射望远镜　折反射望远镜

（2）极限星等　分辨角　视场　放大率　相对口径　物镜口径

（3）视场（提示：它们的口径相同，放大率=物镜焦距/目镜焦距，所以它们都是40倍，倍数一样，分辨率也就相同了，极限星等也相等。但是长焦的视场会大一些。）

② 简答题

（1）望远镜对于附在物镜上的任何物体都是不成像的，故观测者在观测时对落在物镜上的苍蝇应该毫无察觉，但是如果这只苍蝇足够大，因挡光会使望远镜的成像变暗。

（2）放大率为望远镜物镜焦距F和目镜焦距f之比。

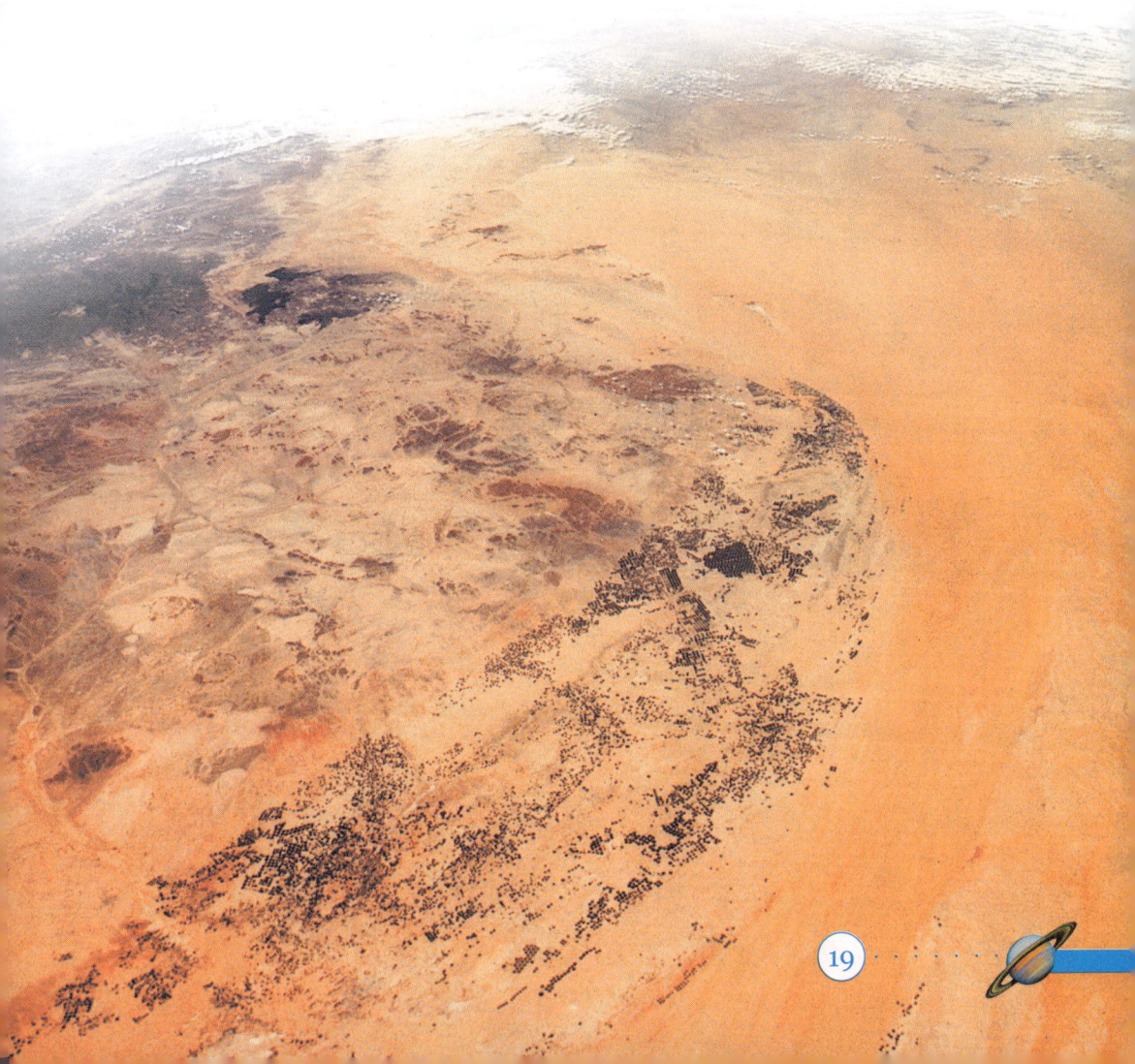

3 多彩的伙伴

DUOCAIDEHUOBAN

太阳是太阳系的核心，如果我们有幸光临太阳系之外的其他星系，很有可能会发现两颗"太阳"。其实夜空中，我们所看到的点点繁星，至少有一半都是成双成对的，只不过它们离我们太远，看上去像是一颗而已。

阅读与思考

一、双星的分类

我们用望远镜观测星空时，常常可以看到一些恒星成双成对地"靠"在一起。这其中很多只是透视的结果，实际上两颗星相距很远，只是都在一个视线方向上罢了。不过，天文学家发现，也有许多成对的恒星，两颗星之间存在力学上的联系，它们互相绕着对方旋转。这样的两颗恒星，就称为双星，也叫物理双星。组成双星的两颗恒星叫做双星的子星，其中较亮的一颗称为主星，较暗的一颗称为伴星。

若双星的两颗子星的角距离较大，能被肉眼或望远镜直接分辨出来，这样的双星就称为目视双星。还有许多双星，相互之间距离很近，即使用现代最大的望远镜，也不能把子星区分开来，但是通过拍摄光谱，就可以发现它是由两颗恒星组成的。这样的双星称为分光双星，目前已经发现的分光双星超过了5 000颗。有的双星在相互绕转时，轨道面正好侧向对着我们，就会出现类似日食的现象，它们经常会相互遮挡，导致两星的总亮度呈现出周期性的变化，这样的双星称为食双星或食变星，食双星一般都是分光双星。还有的双星不但相互之间距离很近，而且还会有物质从一颗子星流向另一颗子星，这样的双星称为密近双星。

有些恒星系统的子星不止两颗。由3颗恒星组成的存在着引力相互作用的系统称为三合星；由4颗恒星组成的系统称为四合星，依此类推。在猎户座大星云M42

的中央，有一组四合星构成的著名的猎户座四边形，被称为M42的心脏。3～7颗恒星在相互引力作用下组成的系统也经常被统称为聚星；如果有更多的恒星由于引力作用聚集在一起，那就是星团了。

银河系的恒星中约有40%～60%是双星或聚星。在太阳周围17光年半径的范围内共有60颗恒星，其中双星就有11对，三合星有两组。单星只有32颗，占一半左右，而且其中可能还有一些也是双星，只是我们还没有发现罢了。截至2007年，天文学家们观测过的双星总数已经超过了60 000颗。

目视双星用肉眼或望远镜就能直接观测，因此是我们学习、研究双星的首选。目视双星在天空中分布很广，无论在什么地方、什么季节，我们都可以找到适合观测的目视双星。一般而言，目视双星中两个子星的距离比较远，相互绕转一周所用的时间也比较长，通常都在一年以上，也有十几年甚至上百年的。

双星系统由于只有两个成员，研究起来相对简单，因此在恒星演化研究中占有重要的地位。通过观测双星系统的运动，尤其是子星之间的相互作用，可以获得有关恒星的丰富信息，包括：双星的绕转周期、表面温度、体积、元素丰度等。而恒星的质量这一重要物理参量，目前只有对双星系统的成员才能直接测定。

思考1：为什么有些星看上去靠得很近，却不是真正的双星？

二、几个著名的双星

（一）大熊座ζ星

夜空中最著名的双星首推大熊座ζ星，即北斗七星柄上三颗星中间的那颗，在我国称为"开阳"。眼力好的人能发现它旁边还有颗伴星，即大熊座80星。我国古人看它总在离开阳很近的地方，就像是开阳星的卫士，故把它称为"辅"。据说我国古代征兵的时候常用这对双星来检测士兵的视力。西方人直到1650年才发现它是双星，是由意大利天文学家利奇奥里发现的，现代观测表明它实际上是一个七合星。

（二）天狼星

全天最亮的恒星——天狼星，其实也是一颗双星。1844年，德国天文学家贝塞尔发现天狼星的运动与众不同。虽然恒星其实也是运动着的（只不过距离太远，在我们看来仿佛是固定不动的，这种运动称为恒星的自行），且绝大多数恒星的运动轨迹都是直线，而天狼星的运动轨迹却是呈波浪形的曲线。根据天体力学理论，他推断天狼星附近还有一颗没被人们发现的伴星，正是它的引力影响了天狼星的自行运动。可惜由于当时观测仪器的限制，贝塞尔终其一生都没能看到它。直到1862年，美国天文学家克拉克用他自制的、当时最大的望远镜（口径47厘米）才发现了这颗伴星。它的星等只有7等，每49.9年绕天狼星旋转一周。它也是第一颗被发现的白矮星，质量与太阳差不多，半径却只有太阳的1/50。

思考2： 在天琴座中哪颗星是著名的双星？英仙座里最著名的食双星是哪颗？

实践与思考

活动　用望远镜观测目视双星

活动任务

观测的目的是要计算双星的轨道数据，我们需要测量两子星间的角距离和方位角。

活动准备

星图、星表、望远镜（口径最好在15厘米以上）、动丝测微目镜、秒表、照相器材（选用）等。

活动提示

❶ 专业测量一般用干涉法，需要口径达4米的望远镜才能实现。对于普通爱好者，可使用测微目镜进行粗测。观测时可以选择较亮并且角距离较大的目视双星，以便测量。

❷ 如果我们有天文摄影器材，也可以拍摄双星的照片，然后在照片上量出两子星的角距离和方位角。请大家参考天文摄影和底片比例尺的相关知识。

❸ 动丝测微目镜（也叫目镜动丝测微器）是目视观测的必备器件。它是一个配有能调节的十字丝的目镜，在它的视场里可以看到一个固定的十字丝及一条可移动的竖丝。图中aa'、bb'为固定十字丝，cc'为动丝，E是测微器螺旋。用测微器螺旋E可调节动丝移动，移动的大小可由有刻度的标尺读出。

用动丝测微器进行测量时，首先要确定测微器的螺旋周值和零点。"螺旋周值"是指测微器的螺旋旋转1周时，动丝移动的距离所对应的天球上的角大小（以角秒表示）。

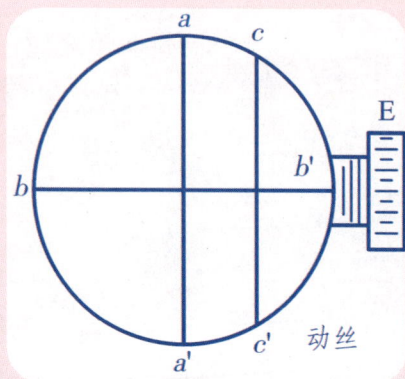

图 1 动丝测微器

测量方法如下：

（1）首先对准一颗赤纬已知的亮星，关闭望远镜的跟踪马达，通过转动测微目镜的位置，使看到的星像的周日视运动轨迹平行于固定十字丝bb'。

活动提示

（2）把所选的亮星移到b点，关闭跟踪马达，让星像沿着bb'运动，并且用秒表记录下它从b运动到b'所用的时间t（单位为秒）。据此可以求出望远镜的视场大小为：$\omega = 15'' t \cos \delta$，单位为角秒，式中$\delta$为这颗星的赤纬。

（3）转动测微螺旋，记下动丝cc'移动一周时螺旋刻度数的变化值（记为N），则可求出刻度上每格所对应的天空角度的大小：$\alpha = \dfrac{\omega}{N} = \dfrac{15'' t \cos \delta}{N}$（单位为角秒/格）。

思考3：为什么要先测出望远镜视场的大小？

活动步骤

我们开始测定目视双星的两颗子星间的角距离和方位角。设目视双星（主星为S，伴星为M）两子星在天球上的角距离为ρ，两子星的连线与南北方向的夹角叫做双星的方位角，记为θ（从北点向东量为正）。测量步骤如下：

❶ 调整目镜，让定丝bb'平行于恒星的周日视运动方向（东西方向），调节望远镜将子星S置于十字丝中央，打开跟踪马达，让丝cc'与定丝aa'重合，记下此时测微器刻度盘的读数x_1。

❷ 转动测微螺旋调整动丝cc'，使它与另一子星M位置重合，记下动丝测微器刻度盘的读数x_2。求出两次读数之差$x = x_1 - x_2$。测定多次，求出x的平均值。

❸ 让测微器绕光轴转动90°，然后再把S星调到十字丝的中央位置，此时让定丝aa'平行于恒星的周日视运动方向，再进行与第1步和第2步相同的测量，由读数差定出y值。由勾股定理可求出ρ和θ：$\rho^2 = x^2 + y^2$，$\cot \theta = \dfrac{y}{x}$。

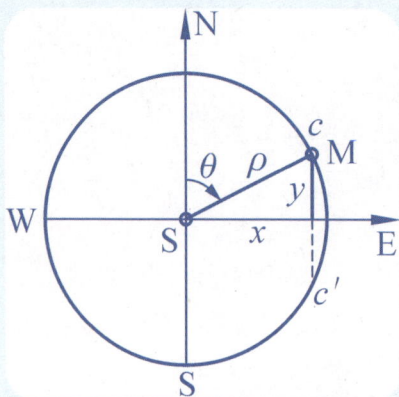

图2 目视双星角距离 ρ 和方位角 θ 的测量（主星S，伴星M）

④ 观测目视双星的记录应包括如下所示的项目。

观测目视双星的记录表

双星名称	观测时间	双星位置（α、δ）	ρ	θ	天气情况

思考4：测量双星角距离和方位角时，什么时候开启望远镜的跟踪马达，什么时候关闭，为什么？

思考5：为什么要记录下你的观测时间？

检测与评估

一、检测

简答题

（1）双星主要分为哪几类？

（2）牛郎星（河鼓二）的两个子女——河鼓一和河鼓三是不是一对目视双星？这三颗星是三合星吗？

（3）小明在测量双星的角距离和方位角时，得到的结果与图2一样，可是他在步骤①中忘了打开望远镜的跟踪马达，请问测量结果会有什么偏差，为什么？

二、评估

项目 ＼ 评估	等级（A好、B一般、C不好）	原因或补充
阅　读		
活　动		
思考题		
检测题		

资料与信息

一、参考资料

❶ 刘学富.基础天文学.北京：高等教育出版社，2004.

❷ 《天文爱好者》杂志社编.天文爱好者.北京：北京科学技术出版社.

二、参考信息：变星

变星是指亮度有起伏变化的恒星，按其光变原因，可以分成内因变星和外因变星。前者的光变是光度的真实变化，光谱和半径也在变，又称物理变星；而后者的光度、光谱和半径不变，它们是双星，光变的原因是由于轨道运动中子星的相互掩食（称食双星或食变星）或椭球效应，外因变星又称为几何变星或光学变星。内因变星占变星总数的80%，又可分为脉动和爆发性质迥异的两大类。脉动变星占内因变星的90%，光变是由星体脉动引起的；爆发变星的光变是由一次或多次周期性爆发引起的。脉动变星和爆发变星又可以分成若干次型。变星的分类法随着人们认识的不断深化而逐渐改变，近年来发现越来越多的双星不仅是几何变星，也是物理变星。

变星种类繁多，涉及恒星演化的各个阶段，变星的研究必然促进恒星理论的发展。食变星为确定恒星的质量、大小等物理量提供了难得的机会；造父变星的周光关系为宇宙尺度提供了基本校准；新星、超新星的极大亮度可作为粗略的距离指针。此外，对银河系结构和动力学的研究也有重要意义。

提示与答案

阅读与思考

思考1：略。

思考2：天琴座 β 星"渐台二"是一颗双星，而其主星亦是一颗食变星，亮度介于 3.3~4.4 之间，周期为 12日22小时。大陵五（英仙座 β 星）。

实践与思考

思考3：略。

思考4：略。

思考5：略。

简答题

（1）略（见阅读与思考）。

（2）牛郎星两侧的河鼓一与河鼓三不是目视双星，它们与牛郎星也不是一个恒星系统，并不是三合星。

（3）测量双星的角距离和方位角时如果没有开启跟踪马达，原先放置在十字丝中心的恒星就会由于周日视运动偏离中心，给测量带来误差。测量所花的时间越长，误差越大。

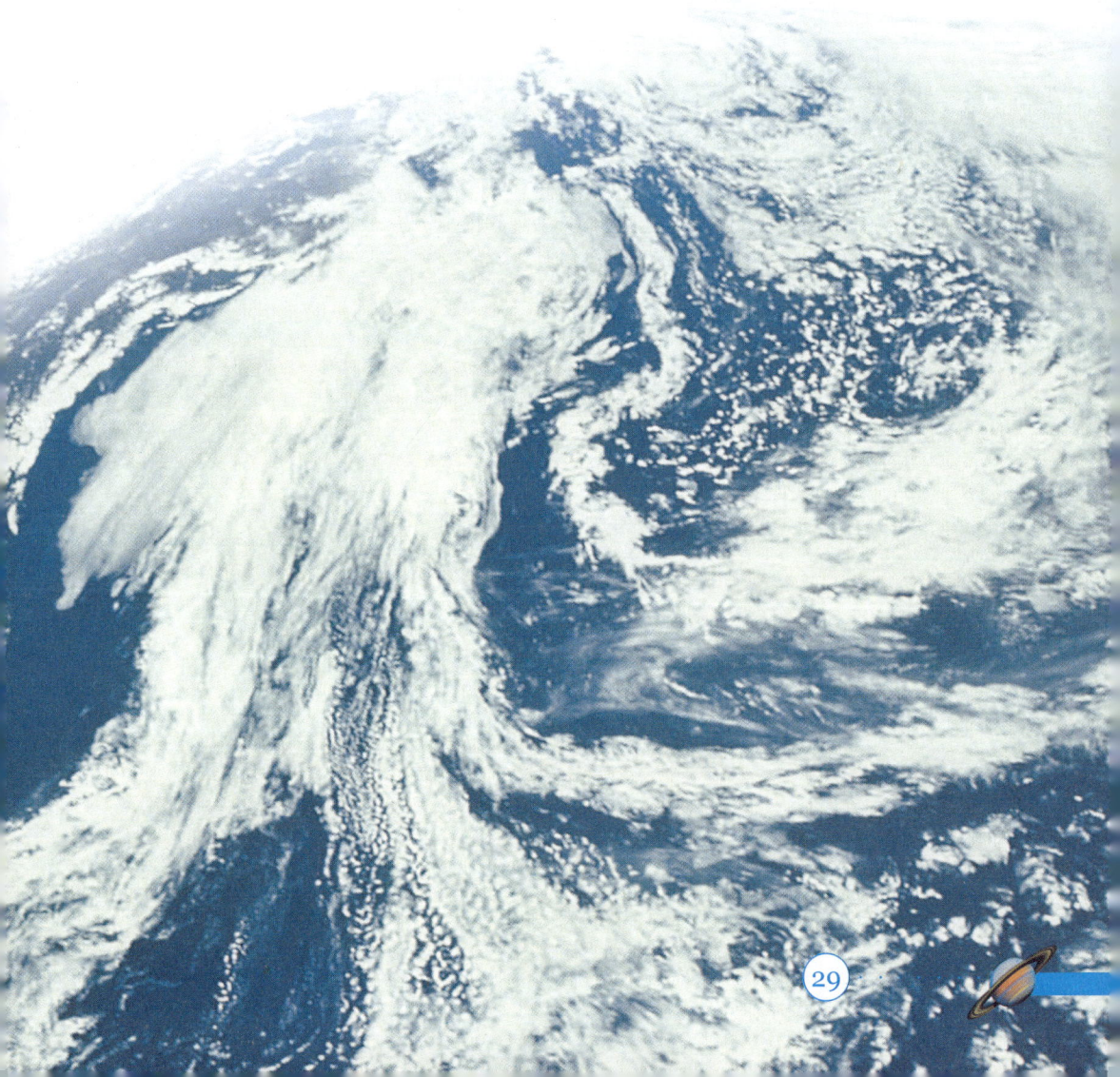

4 星之访客
XINGZHIFANGKE ○○

我比金星更明亮，比流星持续的时间更长，比彗星出现得更突然；我的来访让天文学家兴奋而又手忙脚乱，我就是宇宙中的客人——超新星。

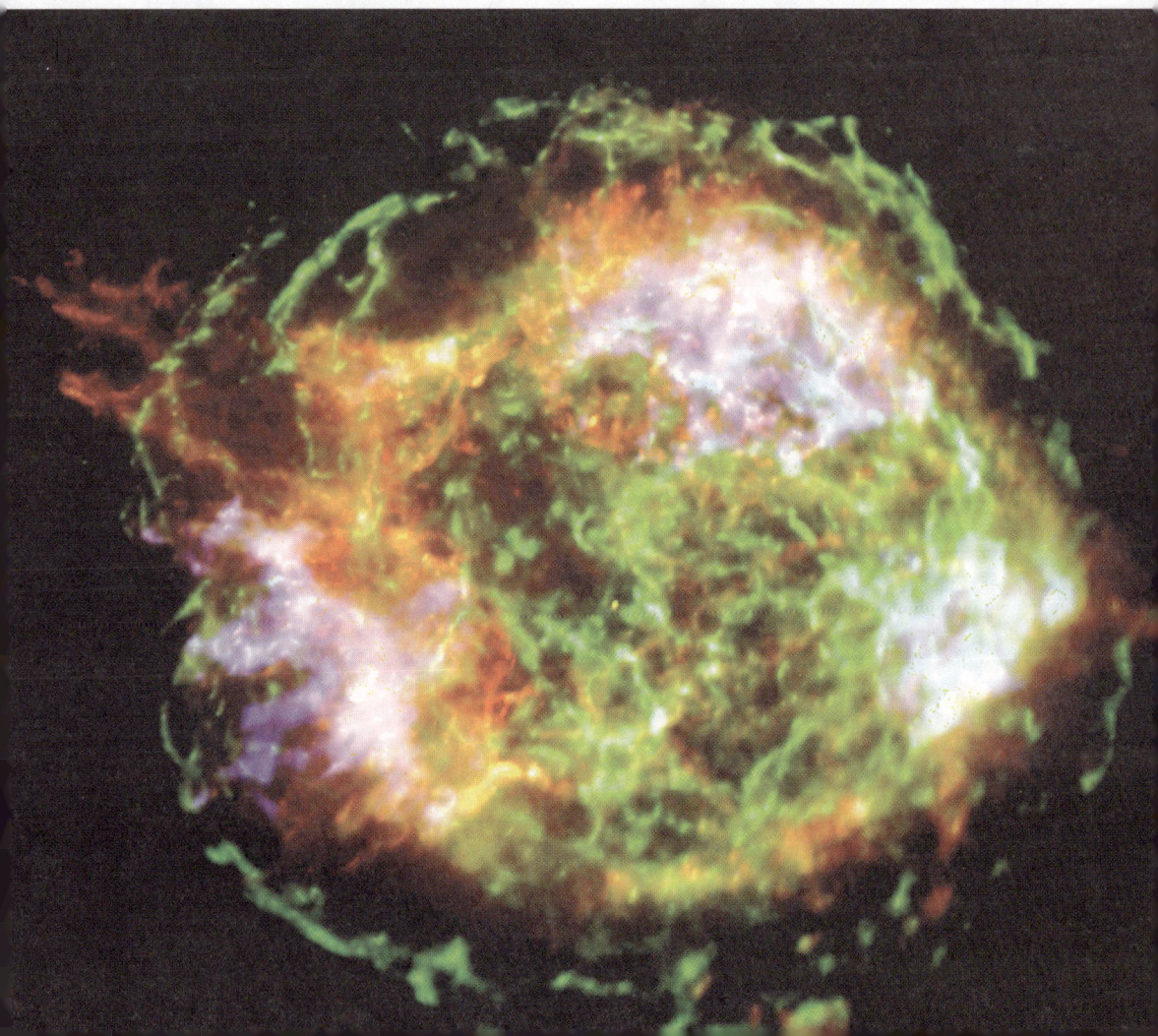

阅读与思考

中国自古以来就非常重视天象观测，在3 000多年的古代文字记载中，有许多重要的天象记录，其中有一类天象就是客星。

一、客星

客星就是新星和超新星。它们是一类特别的变星——爆发变星。客星原本可能很暗，在短时间内会突然增亮数百万倍以上，然后又慢慢地暗淡下去。古人认为它们就像来访的客人，所以把它们称为"客星"。

从商代到17世纪末，我国古代文献中记载的这类天象约有90个。

在商代甲骨文卜辞中，记载了大约公元前13世纪出现在天蝎座α附近的一颗新星（如左图）。卜辞大意是：当月第七日傍晚，月亮刚出来的时候，在大火星附近发现了一颗新大星。大火星即天蝎座α。

新大星

客星一词最早出现在汉代，《汉书·天文志》记载了公元前134年的一颗客星："元光元年五月，客星见于房。"这颗客星的文字记录被公认为世界上最早的新星记录。

在我国历代的新星记录中，成就最为显赫的当属宋代。从11世纪到12世纪的短短100多年时间里，就记载了三颗超新星，即1006年的"周伯星"、1054年的"天关客星"和1181年的仙后座客星。

四月二日夜初更，见大星，色黄，出库楼东、骑官西，渐渐光明，测在氐三度。

上面这段文字是《宋会要》记载的公元1006年5月1日豺狼座超新星爆发。其时间、位置记载得非常详细。对于这颗超新星，在《宋史·天文志》中，还有一段更生动的记载：

　　景德三年四月戊寅（公元1006年5月6日），周伯星见，出氐南，骑官西一度，状如半月，有芒角，煌煌然可以鉴物。

　　对于这颗明亮而耀眼的超新星，不仅我国史籍中有所记载，在埃及也找到了类似的记录，描述其亮度已经超过了弦月。根据这些记录推算，1006年超新星最亮时的视星等应该在-9.5等。公元1054年7月4日在金牛座ζ附近爆发的"天关客星"也是一颗超新星。在《宋会要》中是这样记载的：

　　嘉祐元年三月，司天监言："客星没，客去之兆也"。初，至和元年五月，晨出东方，守天关，昼见如太白，芒角四出，色赤白，凡见二十三日。

　　从宋司天监的观测记录可知，这颗超新星从不可见到爆发为一颗耀眼的新星，其最大亮度应该在-5等。尽管这颗超新星没有达到"周伯星"那样的亮度，却比"周伯星"更有名，因为它持续这样的亮度达23天之久。而且直到1年零9个月之后，它才暗淡到不可见。600多年之后，1731年，英国天文爱好者比维斯用望远镜在天关客星附近发现了一个模糊的云雾状天体。1771年，法国天文学家梅西耶开始发表他对星云星团的观测资料，其中天关附近的星云是第一个，即M1。19世纪中叶，英国人罗斯用大望远镜发现了它酷似螃蟹的纤维状结构，蟹状星云的名字由此而来。1921年，天文学家研究发现，蟹状星云在不断向外膨胀。1928年测出了蟹状星云的膨胀速度，并由此反推出它的年龄大约是900年。经过天文学家进一步观测研究，确认M1就是我国《宋会要》中记载的1054年的天关客星的遗迹。

蟹状星云

二、新星

新星属于变星中的一类——激变变星。

处于恒星生命晚期的白矮星表面发生的猛烈爆炸，使恒星表面在短时间内亮度急剧增加到原来的数百倍到数万倍，亮度增加一般在9～14个星等之间的现象称为新星爆发。

（一）命名

新星的符号为N，通常以发亮年份加上星座名称来命名，如1975年天鹅座新星就被称为NCyg 1975。如果同一年在同一星座出现了2颗以上的新星，就在其名称后面用拉丁字母编号。

由于新星也属于变星，所以，后来天文学家又将新星纳入了变星的命名系统。如NCyg 1975又被命名为V1500Cyg，也就是说，它是天鹅座中发现的第1 500颗变星。

（二）周期性新星（再发新星）

周期性新星是指人类已经观测记录到的不止一次爆发的新星。它们一般是每隔10～100年爆发一次，星等变化一般在7～9等。

周期性新星是典型的激变变星。它们大多是相互作用的双星系统，由一颗致密的白矮星和一颗膨胀的红巨星相互围绕旋转组成。

从红巨星上落下的物质，在最终落到白矮星上之前，会集中在一个不断旋转增

周期性新星

长的盘面上。由于盘面的不稳定性，或是在密集的恒星上慢慢增加的物质导致了能量偶然但又急剧的释放，产生了核爆炸。

T CrB（北冕座T）是最亮的一颗周期性新星。它的位置为赤经：15h57.4m、赤纬：+26°04′，平均周期约为79年，平时它只有10.8等，爆发时可达2.0等。

RS Oph（蛇夫座RS）是另一颗最亮时肉眼可见的周期性新星。它的位置

为赤经：17h50.2m、赤纬：−06°43′。它距离我们有3 000光年，平时其亮度只有12.3等，爆发时能迅速增亮到5.3等。从1898年以来，天文学家观察到它发生过4次相似的爆发，最近一次爆发是在2006年2月12日。

三、超新星

超新星是恒星灾难性的爆发，所以被称为灾变变星。超新星的爆发规模远远超过新星，亮度可增加上千万甚至上亿倍，星等变幅超过17个星等。

超新星爆发是大质量恒星不可避免的、壮观的死亡过程，它把在恒星星核中形成的富含重元素的残骸抛向宇宙。这些元素组成了未来的恒星和行星，也是生命所必需的元素。

超新星是罕见的天象，以SN命名。如1006年爆发的"周伯星"被命名为SN1006，1054年的天关客星被命名为SN1054。现在通过大望远镜自动化搜索，每年能发现数百颗河外星系超新星，为了区分它们，就要按照发现的先后顺序编号，如SN1987A是1987年发现的第一颗超新星。

超新星分Ⅰ型和Ⅱ型两大类。

（一）Ⅰ型超新星

白矮星从伴星吸积质量达到钱德拉塞卡极限以上，从而发生的爆发现象。

钱德拉塞卡极限：白矮星的质量上限，约为1.44太阳质量。质量超过此极限的白矮星，无法抵抗重力的挤压，将进一步塌缩，最后导致爆发。

SN1006就是一颗Ⅰa型超新星，它位于银河系中，距离我们大约7 100光年。图为钱德拉X射线空间望远镜拍摄的SN1006超新星遗迹。它的外围气体已经扩散到了70光年以外的范围，且还在继续膨胀。

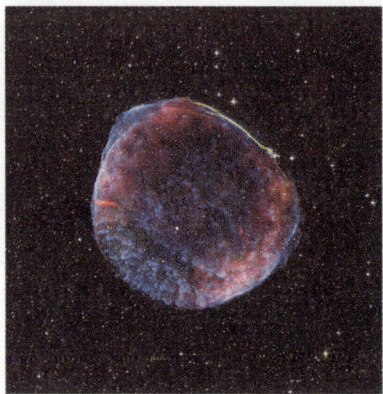
SN1006

（二）Ⅱ型超新星

当大质量恒星的核内不再发生核聚变时出现的爆发现象，爆发后的归宿是中子星或黑洞。2005年6月观测到的SN2005CS就是一颗此类超新星。

四、银河系超新星

超新星很少见，发生在银河系内的超新星在人类历史记载中只有8次，SN185、SN396、SN827、SN1006、SN1054、SN1572、SN1604和SN1667。下面介绍几颗超新星。

（一）SN185

《后汉书·天文志》中记载有："中平二年十月癸亥，客星出南门中，大如半筵，五色喜怒，稍小，至后年六月消。"这就是最早的银河系超新星SN185。SN185位于半人马座，最大亮度达到-8等，肉眼可见时间约20个月。

（二）第谷超新星

世界上对超新星进行精确观测的第一人是丹麦著名天文学家第谷·布拉赫。

1572年，第谷观测研究了超新星SN1572的爆发过程，这颗超新星也被称作第谷超新星。

我国史书对SN1572的记载颇为有趣："上于宫中见之，傲惧，夜露祷于丹陛。"说的是明朝的万历皇帝亲眼见到了这颗明亮的超新星，他带着敬畏的心情跪拜在了皇宫丹陛之下。

SN1572距离我们大约7 500光年，位于仙后座κ附近。最大亮度-4等，肉眼可见时间18个月。

钱德拉X射线空间望远镜拍摄的第谷超新星遗迹图像显示，在400多年的时间里，这颗超新星大约是以每小时600万英里的速度向外迅速膨胀的。它在抛出残骸碎片的同时，还向宇宙空间放射出强大的X射线。

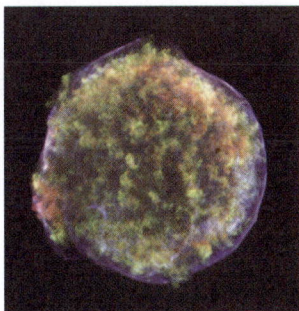

第谷超新星遗迹

（三）开普勒超新星

SN1604又称开普勒超新星，位于蛇夫座，爆发于1604年10月，是一颗Ⅰa型超新星。最大亮度-2.5等，肉眼可见时间12个月。图为2007年初由钱德拉X射线望远镜拍摄的开普勒超新星遗迹。它距离我们大约1.3万光年。

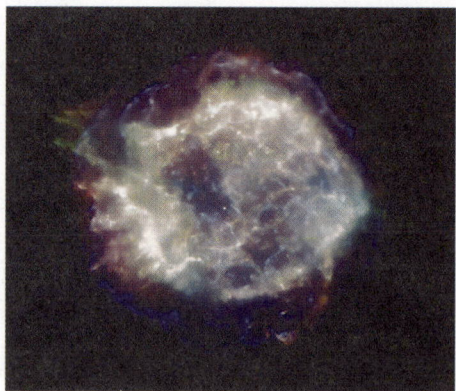

开普勒超新星遗迹

（四）仙后A

SN1667位于仙后座，是长期以来很有争议的一颗超新星。由于它距离我们比较远，因此爆发时很少有人能看到它。然而在2000年，哈勃望远镜拍摄到了它的遗迹——仙后A，显示它正是由大约340年前爆发的超新星膨胀形成的，这一超新星的记录才真正得到了证实。

仙后A

五、临近超新星

临近超新星也很稀少，而且很重要。这些超新星常常很亮，便于用望远镜进行研究，而且由于距离较近，也可以了解它们临近的环境空间。

（一）SN1987A

大麦哲伦星系是距离我们最近的河外星系，距离我们仅17万光年。1987年2月23日发现了大麦哲伦星系中的超新星SN1987A，它被认为是当代最亮的超新星，最亮时目视星等为2.9。

SN1987A尽管在地球上看来并不明亮，却是人类探索宇宙的一个里程碑。因为它的爆发，天文学的一个新分支诞生了，这就是中微子天文学。

在SN1987A爆发前20小时，地球上的几个地下粒子探测装置一共探测到了24个中微子。经过天文学家的分析确认，这些中微子正是来自SN1987A。

SN1987A也是人类利用现代天体物理学手段对其爆发全过程进行全波段观测的一颗超新星。世界时1987年2月22～25日，新西兰、美国和加拿大的天文学家分别在不同观测地发现并追踪观测了它的爆发过程。

澳大利亚阿斯通大学人造卫星观测站、欧洲南天天文台和加拿大多伦多大学南天站拍摄的照片都显示，2月22日23时之前超新星尚未出现。

SN1987A

23.31时，日本东京天文台记录到了一次持续13秒的中微子暴。23.44时，在澳大利亚记录到超新星亮度6.1等（爆发前为12等）。以后，它迅速增亮，世界各地的天文台陆续发现了它。0.02时，加拿大的天体照相仪拍摄到了它；0.2时，美国人杜阿德在拉斯坎帕纳斯天文台用肉眼发现了；而加拿大天文学家希尔顿则是于0.23时在冲洗出来的照相底片上才发现了它。

时间（d, h）	22, 23.44	23, 0.37	23, 0.46	23, 0.72
亮度（m）	6.1	5.1	4.8	4.4
发现地	澳大利亚	新西兰	澳大利亚	澳大利亚
发现人		琼斯	马克诺	马克诺

天文学家经过观测研究SN1987A，确定它是一颗Ⅱ型超新星。

从1994年起，哈勃太空望远镜对SN1987A进行了拍摄，得到了它的大量精细照片。照片显示它抛出的物质正在不断扩大。

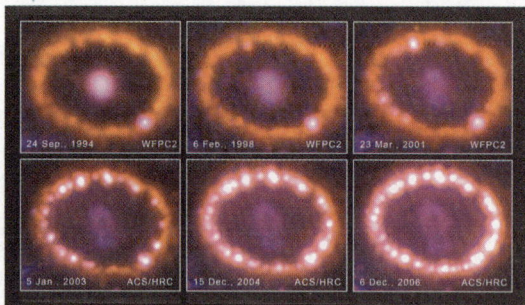

哈勃太空望远镜1994年1月～2006年12月拍摄的SN1987A的照片

SN2006X

（二）SN2006X

2006年2月，天文学家在明亮的M100星系内发现了较邻近的超新星之一——SN2006X。它是一颗Ⅰa型超新星，距离我们大约5 000万光年。在3月份时，还可以用望远镜在后发座中找到它。

思考：新星是新诞生的星吗？

实践与思考

活动 1 讨论

活动任务

宇宙万物都有生老死亡的过程，然而一个事物的灭亡，往往预示着新生事物的诞生。超新星是恒星壮观的死亡过程，但它也是宇宙发展历史中重要的一幕。你是怎样理解超新星爆发这一过程的？在这一过程中，是否又有什么获得了新生？

活动 2　新星的目视观测

活动任务

光变分析及测量。

活动准备

天文望远镜、观测天区星图、经过校对的钟表、光线暗弱的红灯（手电筒）、记录表格、笔。

活动提示

❶ 无光照的黑暗地区，无月且大气能见度高的夜晚。

❷ 当新星的亮度超过极限星等1个星等时，可直接用肉眼观测。否则应使用望远镜进行观测。

活动步骤

❶ 熟悉新星所在天区恒星分布状况（位置和视星等）。

❷ 观测记录：根据光变速度，确定观测的时间间隔，进行观测，并记录目视星等。

❸ 光度测量方法：在新星附近寻找与其亮度最相近的两颗星作为对照星，a比新星亮一些，b比新星暗一些。根据自己的感觉将对照星的亮度差分为任意n等分，以便确定新星的亮度恰好居于某一等分为宜。

新星亮度的计算：$m_N = m_a + x(m_b - m_a)/n$

式中，m_N为新星的星等，m_a为a的星等，m_b为b的星等，x为感觉比a暗的等分。

❹ 将每次观测计算出来的星等填入记录表。经过一段时间的观测，可以绘制出光变曲线。

新星观测记录表

观测对象：＿＿＿＿＿＿＿＿　　　　观测人：＿＿＿＿＿＿＿

观测日期			观测时间			儒略日	星等（m）	备　注
年	月	日	时	分	秒			

活动 3　寻找超新星

活动任务

下图是拍摄于SN2005CS爆发前后的两幅照片，你能在图上找到它吗？

检测与评估

一、检测

1 填空题

（1）在大麦哲伦云中发现的超新星SN1987A的实际爆发时间大致距现在_____。

（2）白矮星的质量不能超过钱德拉塞卡极限，钱德拉塞卡极限大约是_____个太阳质量。

（3）1054年爆发的超新星，今天形成了_____。

❷ 简答题

（1）查查SN1006和SN1667的相关数据，计算它们中哪一个更"老"一些。

（2）我们知道，天体亮度变化和星等差异的关系是：星等每增加1等，亮度增加2.512倍；每增加5等，亮度增加100倍。那么一个星等增加了17等的超新星，其亮度增加了多少倍？

（3）根据SN1987A最初1个多小时的亮度变化记录，绘制它的光变曲线。

二、评估

项目 ＼ 评估	等级（A好、B一般、C不好）		原因或补充
阅　读			
活　动	活动1		
	活动2		
	活动3		
思考题			
检测题			

资料与信息

参考资料

❶ 冯克嘉等. 中国业余天文学家手册. 北京：高等教育出版社，1993.

❷ 天文爱好者手册. 成都：四川辞书出版社，2006.

❸ 《天文爱好者》杂志社编. 天文爱好者. 北京：北京科学技术出版社.

④ 北京天文馆编.中国古代天文学成就. 北京：北京科学技术出版社，1987.

⑤ 北京天文馆：http://www.bjp.org.cn

⑥ 天空和望远镜：http://www.skyandtelescope.com

⑦ NASA：http://antwrp.gsfc.nasa.gov/apod/archivepix.html

提示与答案

阅读与思考

思考：不是，只是它平时很暗，肉眼看不见。

检测与评估

1 填空题

（1）17万年

（2）1.44

（3）蟹状星云

2 简答题

（1）SN1667比SN1006年长。提示：先算出超新星的实际爆发年代（发现年代—距离光年）

（2）星等增加17等，亮度大约增加6 300 000倍。

（3）略。

璀璨的一生
CUICANDEYISHENG
5

恒星，如同其名，似乎代表着永恒，就像我们头顶的太阳，永远是那样灿烂光明。现代科学证明，宇宙中的一切物体，都是在运动中演绎着自己的一生，万物中并没有真正的永恒。今天，就让我们一起了解一下恒星漫长却波澜壮阔的一生！

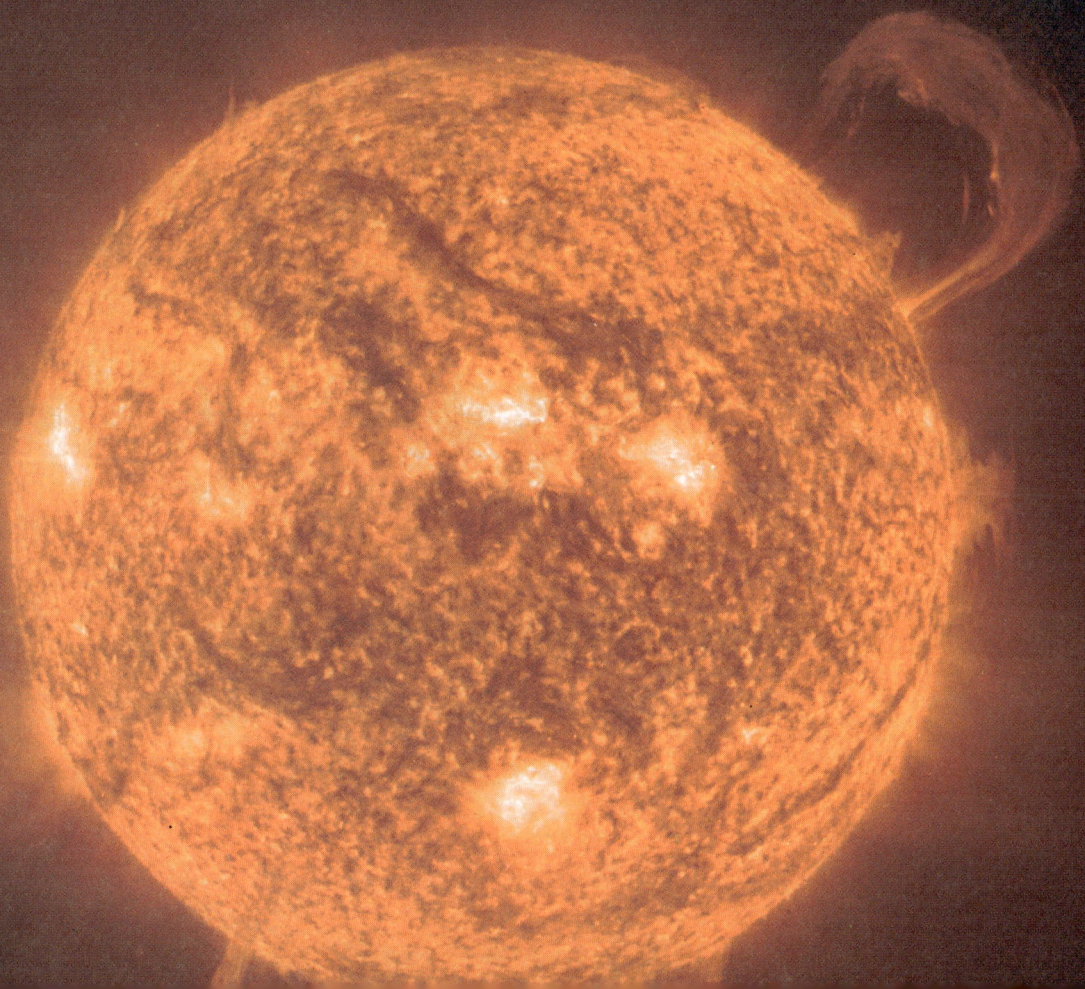

阅读与思考

一、认识赫罗图

恒星的生命是十分漫长的，在其生命的主要阶段，演化也是十分缓慢的。根据放射性元素的测定，地球的年龄是46亿年。作为恒星的太阳，年龄当然不会比地球小。像我们人类一样，恒星也有各自的年龄，它们中间也有年轻、中年和老年之分。一颗恒星从诞生到死亡，要经过几百万年甚至上百亿年的时间。现代天文学的全部历史对于恒星的一生来说，也仅仅是短暂的一瞬间。然而，天文学家根据对各种各样的恒星的观测和理论研究，弄清楚了恒星的一生是怎样从孕育到诞生，再从成长到成熟，最后到衰老、死亡的整个过程。

把恒星表面温度作为横坐标，绝对星等作为纵坐标，将所有的恒星都绘制在这幅坐标图上。这幅简单的统计图揭示了恒星演化的重要规律。这就是天文学中的一项重大成就——赫罗图。

按照天体的质量和化学成分，运用物理定律，可以计算出天体不同时间的内部结构，即从恒星中心到表面各层的温度、密度、压力、能流及恒星辐射的总光度和表面温度等物理量，从而确定恒星在赫罗图上的位置。同时还可以得出恒星的结构与物理参量随时间的变化情况，进而推知恒星演化的过程及恒星在赫罗图上的位置移动。这就是研究恒星演化的基本方法。

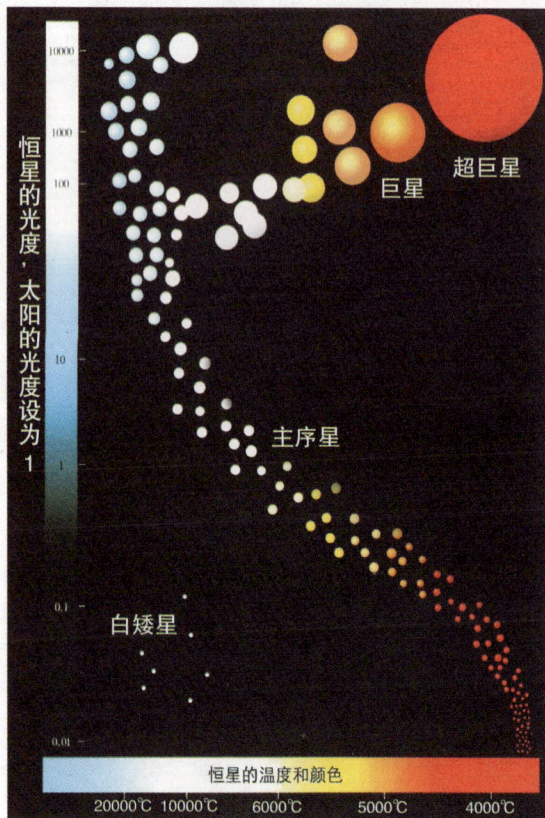

赫罗图

二、恒星的诞生

天文观测表明，年轻的恒星几乎总是处于星际云内或附近，由此可以推断，恒星是在星际云中产生的。

人马座中的礁湖星云（M8），其中有一个星团正在形成。新形成的恒星发射出紫外辐射，激发星云的气体，使星云发光	"老鹰星云"位于7 000光年外的天蛇座的弥漫星云（M16）里的巨大分子云柱，其中孕育着许多初生的恒星，发亮的地方表明有大质量的恒星在形成	恒星在分子云中形成	是一个发光星云，也是恒星的诞生地。它位于人马座的邻近星系NGC 6822	位于大麦哲伦云的球状星团R136周围的星云中，诞生了大批的巨型恒星

下面就来看看一个云团是怎样演变成一颗恒星的。

云团一开始几乎是透明的，收缩的时候会把引力势能转变成热能，但热能随即全部辐射出去，所以云团内温度并不升高。云团内气体的压力与引力相比可以忽略不计，下落的气体按照自由落体定律速度越来越快，就如一幢摩天大楼突然坍塌一样。这种现象在天文学上称之为坍缩。

外层的气体下落到云团的核心处，核心处的物质密度迅速增大，云团变得不透明起来，温度急骤升高，向外的压力也随之升高，达到了可以与引力抗衡的状态。这时核心外面的气体仍然呈自由落体下落，而核心处缓慢地收缩，温度达到几百开。达到这种状态的云团，开始发出红外线，成为一颗红外天体，称为原恒星。

原恒星进一步收缩，温度越来越高，压力也越来越大。当温度达到两三千开时，压力与引力基本平衡，收缩就大大减慢，转入准静态时期，即进入慢收缩阶段。此时，原恒星发出可见光，成为主序前恒星。

原恒星核心温度达到几百万开时，氘、锂、铍和硼的原子核与质子发生核反应变成氦，但不能提供大量而持久的能量。

当恒星核心温度达到 1 000 万开时，氢核聚变变成氦核的反应开始并持续进行，核反应成为主要的能源，能稳定地提供能量，压力与引力达到平衡，于是收缩停止，处于平衡状态。

在赫罗图上，原恒星出现在赫罗图的右下方。在慢收缩阶段的初期，表面温度虽然还很低，但体积大，随着温度升高，亮度升高，在赫罗图上由下而上移动。在进入慢收缩阶段后，表面温度暂停升高，但体积继续缩小，因而亮度随之下降，于是在赫罗图上由上而下移动。当氢核聚变变成氦核的核反应开始后，表面温度升高，于是在赫罗图上向左移动，最后到达主星序，成为主序星。

质量不同的恒星，慢收缩阶段的时间长短不同，质量越小，历时越长。0.2太阳质量的恒星，慢收缩的时间长达17亿年；1太阳质量的恒星，慢收缩的时间约7 500万年；而15太阳质量的恒星，慢收缩的时间只有6万年。质量小于0.08太阳质量的恒星，永远也达不到核反应开始所需要的温度，它们将一直处在慢收缩阶段，靠转化引力势能发出很弱的红光，这类恒星称为褐矮星。

质量不同的恒星，演化的速度与路径也不同，进驻在赫罗图上主星序的不同位置：大质量恒星，内部的压力和温度高，产生核反应的中心区大，参加核反应的物质多，产生的能量多，所以大质量的恒星温度高，亮度大，成为高光度的蓝星，在赫罗图上它们位于左上；相反，质量小的恒星，核反应的中心区小，产生的能量少，因而温度低，亮度小，成为低光度的恒星，在赫罗图上它们位于右下角。

三、恒星的壮年

恒星成为主序星后，内部基本处于平衡状态。这种平衡包括流体静力学平衡，即各层向外的压力与向内的引力平衡；热平衡，即任一体积内每秒获得的能量等于它释放的能量，整个恒星每秒钟的表面辐射能量损失与中心区热核反应产生的能量达到平衡。

恒星内发生的氢聚变变成氦的热核反应称为氢燃烧。恒星从中心区的氢点燃到中心区燃烧停止，在赫罗图上都位于主星序上，所以这个时期叫主序演化阶段。氢燃烧进行得比较缓和，产能率也高，是恒星一生中最安定的时期，这个时期大约占恒星寿命的80%。

恒星的寿命取决于其自身质量，质量越大，恒星寿命越短。0.2太阳质量的恒星，寿命为1万亿年；1太阳质量的恒星，为100亿年；15太阳质量的恒星，为2 000万年。这是因为质量大的恒星内部虽然有更多的氢燃料，但是它内部的温度和压力也相应更高，这使核聚变反应的强度也成倍增大，氢的消耗比小质量恒星快得多，因而它们的光度也大。这导致质量大的恒星寿命反而短于质量小的恒星。

恒星主序演化阶段的时间很长，这也是各种类型恒星中主序星占大多数的原因。太阳的年龄约50亿年，它已度过一半的安定时间。

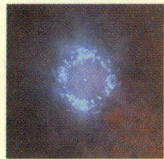

猎户座1等星，可以看到它的外层大气。这是一颗很大的恒星，其直径超过木星轨道直径	图中的小星是银河系中最小的恒星之一，OGLE-TR-122b，仅比木星大16%	这是离我们最近的恒星——太阳。它只是银河系约2 000亿颗恒星中极为普通的一颗

四、恒星的后期演化

恒星一生不可能永远安定。恒星的主序演化阶段结束后，便进入后期演化。不同质量的恒星，其后期演化的过程不同，归宿也不同。

　　质量与太阳差不多或者质量更小的恒星（但不包括褐矮星），也就是位于赫罗图上主星序下段的恒星，核心的氢燃烧区域逐渐把其中的氢耗尽，于是在那里出现一个氦星核。这时，氦星核的温度还不能使氦聚变热核反应（称为氦燃烧）开始，而在氦星核上面的一个薄层内继续进行氢燃烧。此时，以氢燃烧壳层为界，中心的氦星核向内收缩，外面的氢包层则向外膨胀，导致恒星的体积急剧增大，表面积随之增大。表面积的增大使得恒星可以有更大的面积散发来自氢燃烧壳层的核反应能量，于是表面温度下降。在赫罗图上向右上角移动，成为一颗红巨星。质量与太阳一样的恒星，在红巨星阶段可以停留一二十亿年。

　　红巨星中心的氦星核因为不断有氢燃烧壳层产生的氦补充进来，质量不断增大，同时继续收缩。氦星核质量越大，自引力也就越大，收缩得也就越小。在这一过程中，氦星核温度升高，当温度达到1亿开时，氦燃烧开始。于是，恒星内部就产生了两个核反应区，一个是中心的氦燃烧区，一个是氢燃烧壳层。在中心氦燃烧点燃的时候，恒星（红巨星）将抛掉一部分物质，体积缩小，表面温度升高，在赫罗图上向左下方跌落，构成一个水平支。

　　氦燃烧的速度比氢快，中心的氦燃烧区很快把其中的氦耗尽，于是在中心出现一个碳、氧星核。此阶段恒星也有两个壳层在燃烧，一个是外面的氢燃烧壳层，一个是里面的氦燃烧壳层。恒星的体积又开始膨胀。在赫罗图上，恒星回到右上角的位置。

　　随着氢燃烧壳层越来越接近恒星表面，恒星开始变得不稳定，最后会把它的整个外壳抛掉，抛出来的大量物质逐渐扩散开来，形成美丽的行星状星云。

　　这时的恒星只剩下中心的那个核心，核心中的核反应因为抛掉外壳后压强和温度下降而停止，于是进一步收缩。一颗与太阳质量差不多的恒星，会收缩得只有地球这么大。这种恒星中的物质密度非常高，处于一种称为简并态的超密状态，一块火柴盒大小的物质，质量就可达1吨左右。这就是赫罗图上左下角的白矮星。

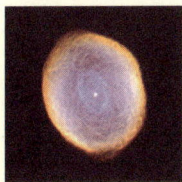

这是位于天兔座的行星状星云 IC418，距地球约2 000光年	距地球约2 000光年的行星状星云NGC 3123的中心是一对双星。形成这个星云的是其中那颗小星	行星状星云NGC 2392	天坛座行星状星云针状射线星云

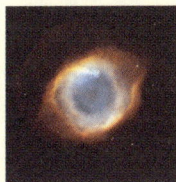

　　质量小于0.5太阳质量的恒星，中心的氦核永远也不会达到氦燃烧开始所需要的温度，它们在氢燃烧停止以后，直接演化为白矮星。

　　中等质量的恒星是指质量比太阳大、但不超过6太阳质量的恒星，也就是位于赫罗图上主星序中段的恒星。这一质量范围的恒星，在中心氢燃烧停止时，也演化为红巨星。与小质量恒星不同的是，这一演化过程非常迅速，例如5太阳质量的恒星，离开主星序以后，演化为红巨星只要300万年。因此，在赫罗图上，在中等质量恒星的主序位置与右侧红巨星位置之间，没有恒星分布，成为一个空白区。

　　中等质量恒星的氦燃烧阶段只有1 000万年左右，比小质量恒星短得多，可是变化却剧烈得多。一个非常有趣的现象是它们在赫罗图上左右来回打圈，而不像小质量恒星那样跌落到水平支上。当它们向左打了一个圈后又回到红巨星位置的时候，中心氦燃烧停止。恒星内部有两个壳层燃烧，即外面一个氢燃烧壳层，里面一个氦燃烧壳层。中心是一个碳、氧元素组成的星核，它们是氦燃烧留下的产物。碳、氧星核尚未燃烧而收缩，两个燃烧壳层之间未燃烧的氦区膨胀，氢燃烧壳层外面的外壳则收缩。在赫罗图上，恒星又向左移动。

然后，恒星外面的氢燃烧壳层不断向外移动，移到了温度较低的地方，燃烧停止，只剩下了一个氦壳层继续燃烧。这时，氦燃烧壳层内的碳、氧星核进一步收缩，而氦燃烧壳层外面的恒星外壳再次向外膨胀。在赫罗图上，恒星再次向右移动。演化到这一阶段的中等质量恒星，包层中仍有许多没有燃烧掉的氢，它们与氦燃烧壳层之间隔着厚厚的一层未燃烧的氦。这时，外壳中的气体开始了上下对流，把这些氢向下运送到氦燃烧壳层附近。那里的温度很高，氢重新点燃开始燃烧，于是氢燃烧壳层重新出现，而且成为恒星的主要能源。恒星在赫罗图上迅速向右上角移动，并变得不稳定，有大量物质流失。

中等质量恒星在双壳层燃烧结束以后，将变成白矮星。

大质量恒星主序阶段在赫罗图上位于左上角，光谱型是O型和B型。

大质量恒星的演化与中小质量恒星相比，物质损失特别大，甚至可以把包层全部以星风的形式吹散，暴露出内部的星核。由于物质损失，大质量恒星的光度存在一个上限，而且主序明显变宽。

大质量恒星的氢燃烧在几千万年甚至更短的时间内就会结束，进入氦燃烧后，演化为超巨星。因其质量不同而分别演化为蓝超巨星、黄超巨星和红超巨星。

大质量恒星变为超巨星以后，物质损失愈发严重。当把包层全部损失掉，内部的星核逐渐裸露出来的时候，在赫罗图上，它们反过来向左移动。一些质量非常大的恒星，氦燃烧时星核已经裸露，成为一类表面温度极高（颜色极蓝）的特殊的沃尔夫—拉叶型星。

在大质量恒星演化的最后阶段，星核因收缩而温度极高，在很短的时间内，依次发生碳燃烧、氖燃烧、氧燃烧、硅燃烧和铁燃烧。铁燃烧对于恒星来说是灾难性的，因为这种核反应不但不放出热量，反而要吸收热量，使得星核突然冷却下来。于是，支撑星核的压力几乎消失，星核坍缩。

铁星核的坍缩在其中心产生强大的压力。在强大压力的作用下，质子与电子结合成中子。中子不带电荷，可以挤压到非常近的距离。于是，原来的星核演化成了一颗超密、超强磁场、体积很小、自转极快的中子星。

在中子星形成后，星核的中心就成为不可压缩的，可是外部的物质继续在快速下落，于是发生反弹。在反弹的过程中，由引力势能转化、蓄积而来的大量能量释放出来，造成爆炸，使恒星成为超新星。在超新星爆发过程中，会进一步发生复杂的核反应，生成各种比铁更重的元素。富含碳、氧以及其他重元素的气体在超新星爆发后扩散到星际空间，与星际云中的气体混和，成为下一代恒星形成的原料。

中子星的质量有一个上限，如果坍缩后的星体质量超过这个上限，星体就会继续坍缩下去，成为一个黑洞。因此，大质量恒星演化的最终归宿也有可能是黑洞。

这是距地球约7 500光年的船底座 Eta 星，它是一颗垂死的恒星，抛射出大量的尘埃和气体

位于距地球约7 000光年的球状星团 M4 中的白矮星

1987年爆发于大麦哲伦云中的超新星SN1987A。它有三个环状结构，而不是天文学家原先认为的沙漏状星云

著名的蟹状星云是1054年夏天爆发的一颗超新星的遗迹，被当时的中国天文学家观测到。星云中央有一颗很小的脉冲星

一颗于3 000多年前爆发的超新星的遗迹，位于大麦哲伦云

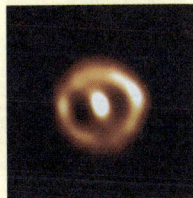

新星 Cygni1992 爆发后形成的环。环主要由炽热的气体组成

实践与思考

活动 1 练习使用"赫罗图"

活动任务

熟悉并练习使用"赫罗图"。

活动准备

赫罗图。

活动步骤

20世纪初，美国哈佛大学天文台已经对50万颗恒星进行了光谱研究，并根据它们中谱线的出现情况对恒星光谱进行了分类。结果发现它们与颜色也有关系，即蓝色的"O"型、蓝白色的"B"型、白色的"A"型、黄白色的"F"型、黄色的"G"型、橙色的"K"型、红色的"M"型等主要类型。实际上这是一个恒星表

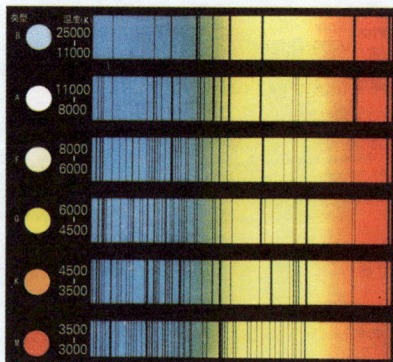

恒星光谱图

面温度序列，从数万度的O型到2 000~3 000千度的M型。

丹麦的赫兹布朗和美国的罗素分别于1911年和1913年发现恒星的光度及表面温度的关系，并以统计图的形式表示出来，二人于1914年同时公布。因此，这种恒星光度与温度的关系图被称为赫罗（H-R）图。

太阳的表面温度5 770开，绝对星等4.8；水委一，波江座α星，绝对星等-1.6等，表面温度14 500开。请你在赫罗图上标出它们的大致位置，并指出它们分别属于什么类别。

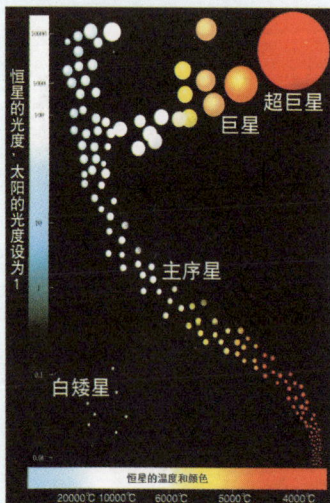

赫罗（H-R）图

活动 **2** 学习撰写科技小说明文

活动任务

　　根据本单元所介绍的内容，并查阅其他相关资料，撰写一篇介绍恒星演化的科技说明文。文章内容可参考如下方面：恒星演化是宇宙演进的一个阶段，而行星和行星系是在恒星演化过程中形成的，介绍恒星演化的主要阶段。恒星的演化包括恒星的形成一直到恒星的末态，一般经历引力收缩阶段、主序星阶段、红巨星阶段、脉冲星阶段（爆发阶段）和高密度阶段（白矮星、中子星、黑洞等）。也可按照从幼年期、青年期、晚年期、衰老期等不同演化阶段的顺序来揭示恒星演化的过程及其主要特点。

　　该活动要求学生会阅读图表，如能反映恒星演化规律的赫罗图、演化进程示意图等，并结合有关资料说出恒星演化的主要阶段及其特点。至于恒星演化所涉及的恒星的光度、光谱型、温度、化学成分及恒星核内的热核反应等，不是所要求了解或掌握的内容，不必作深入的解释。

检测与评估

一、检测

1 填空题

　　（1）恒星的能量来自于_____。

　　（2）一个太阳质量的恒星的平均寿命为 _____ 年。太阳在主序星的状态下还有_____年的寿命。

　　（3）质量比太阳小的恒星最终会演化成 _____。

　　（4）大质量恒星演化的最后阶段，在其核心的内部，不断因核融合产生更重的元素，直到_____元素为止。

2 简答题

　　（1）天文界是如何对恒星进行分类的呢？

　　（2）根据天文观测，绝大多数恒星都有着与太阳相同的化学成分。恒星那么遥远，人类是怎样知道恒星上的物质组成的？

二、评估

项目　　　　评估	等级（A好、B一般、C不好）		原因或补充
阅　读			
活　动	活动1		
	活动2		
思考题			
检测题			

资料与信息

参考资料

① 何香涛. 观测宇宙学. 北京：北京师范大学出版社，2007.

② 刘学富. 基础天文学. 北京：高等教育出版社，2004.

提示与答案

检测与评估

① 填空题

（1）核聚变

（2）100亿　50亿

（3）白矮星

（4）铁

② 简答题

（1）目前科学界通用的恒星分类是根据恒星的颜色、温度和亮度间的关系进行的。

（2）与在地面实验室进行光谱分析一样，我们也可以对恒星的光谱进行分析，借以确定恒星大气中形成各种谱线的元素的含量，当然情况要比地面上一般光谱分析复杂得多。

绚丽多姿的深空天体 6

XUANLIDUOZIDESHENKONGTIANTI

天空中除了恒星、行星、卫星、彗星之外，还有些模模糊糊的斑点或云雾状的天体。这些天体可能是星团、星系或星云，但都是离我们比较远而又具观赏价值的天体，我们统称它们为深空天体。不同的星座都有些形态各异的深空天体，现在我们就来认识它们并尝试找到它们吧。

阅读与思考

　　深空天体是一个常见于天文学的名词。一般来说，深空天体指的是天上除太阳系天体（如行星、彗星、小行星等）和恒星外的天体。深空天体包括：星团、星云、星系和类星体。这些天体大都不为肉眼所见。只有当中较明亮者（如著名的M31仙女座大星系和M42猎户座大星云）能为肉眼所见，但为数不多。有超过100个以上的深空天体可以通过双筒望远镜观看，例如18世纪法国天文学家梅西耶所编的星云星团表中的大部分天体。而通过天文望远镜，能看到的深空天体数量则会大幅上升；通过天文摄影能拍摄到数量可观的深空天体。下面介绍几个著名的深空天体。

一、猎户座及其相关的深空天体

　　猎户座主要由七颗亮星组成。其中 α、β、γ、κ 这四颗星构成一个四边形，被人们想象成一个威武的猎人；中间的 δ、ε、ζ 三颗星整齐地连成一条直线，好像猎人腰间缀着闪闪发光的腰带，民间又叫它"三星"。在希腊神话中，猎户一手握着一只盾牌，另一手拿着一根木棒，正准备迎击冲过来的凶猛的金牛。三星下方不远处，就是著名的猎户座大星云M42，它由气体分子和微尘构成，物质分布密度比地球实验室中最好的真空管的密度还小。

它是一个肉眼可见的巨大的弥漫星云，直径达300光年，距地球大约1 500光年。猎户座大星云是已知星云中最年轻的一个。当人类还处在穴居时代的时候它就诞生了。

　　在猎户座"腰带"的旁边还有一个很有名气的星云，它是一个暗星云——马头星云。

M42和M43

　　思考1：猎户座有什么样的神话传说？哪个季节能看到它？

二、金牛座及其相关的深空天体

金牛座是黄道十二星座之一。这里介绍其中的两个深空天体。

蟹状星云距离我们大约6 300光年，是著名的超新星爆发后的遗迹。1054年，我国北宋时期的史书曾记载了蟹状星云爆发的情景，这也是有史以来最早的超新星爆发的记录。

昴星团M45

金牛座前面有几颗星组成了一个躺着的"V"字形，它的开口朝着御夫座方向，"V"字形西北方向是密聚的昴星团M45。M45是疏散星团，民间叫它七姊妹星团。它由500多颗恒星组成，可以说是疏散星团的代表，是M天体中最亮的，用肉眼就可以看到，不过一般人只能看到6颗星聚集在一起，还有一颗较暗。

思考2：查一查蟹状星云的形成原因。

三、三叶星云和仙女座大旋涡星系M31

除了上述讲到的几个深空天体外，这里再给大家介绍两个很漂亮的深空天体，它们就是人马座的三叶星云和仙女座的大旋涡星系M31。

三叶星云位于人马座，它比较明亮也比较大。这个星云上有三条非常明显的黑道，形状就好像是三片发亮的树叶紧密而和谐地凑在一起，因此被称作三叶星云。在三叶星云的中心有一个包含有炽热年轻恒星的疏散星团。

M31习称仙女座大星云。它在天文学史上有着重要的地位。1924年，哈勃在照相底片上确认出M31旋臂上的造父变星，并根据周光关系算出距离，证实它是银河系之外的恒星系统。现代测定它的距离是220万光年，直径是16万光年，为银河系的1倍，是该星系群中最大的一个。

三叶星云

仙女座大旋涡星系M31

实践与思考

活动 ① 练习用肉眼寻找昴星团

活动任务

用肉眼寻找昴星团，熟悉昴星团。

活动提示

在冬季晴朗无月的夜晚，选择视野开阔的空旷之处，最好能在远离城市灯光的旷野。

活动步骤

在晚上9~10时的时候仰望天空，可以看到"V"字形的金牛座位于头顶天区。在这个"V"字形的西北角有七颗星聚集在一起，这就是昴星团，也就是七姊妹星团了。

活动 2 　练习用望远镜寻找仙女座星系

活动任务

用望远镜寻找仙女座大星云M31并熟悉它。

活动准备

天文望远镜。

活动提示

晴朗无月的夜晚，选择视野开阔的空旷之处，最好能在远离城市灯光的旷野。

活动步骤

调整好望远镜，先找到仙女座所在天区，然后在仙女座"一"字形中间位置往西寻找，就可以看到M31了。

检测与评估

一、检测

1 填空题

（1）M1蟹状星云位于＿＿＿＿星座。

（2）深空天体主要包括：＿＿＿＿、＿＿＿＿、＿＿＿＿和＿＿＿＿。

2 简答题

（1）文中介绍的深空天体主要分为哪几类？

（2）查阅资料，认识一下其他的深空天体。

二、评估

项目 ＼ 评估	等级（A好、B一般、C不好）		原因或补充
阅　读			
活　动	活动1		
	活动2		
思考题			
检测题			

资料与信息

一、参考资料

① 刘学富.基础天文学.北京：高等教育出版社，2004.
② 《天文爱好者》杂志社编.天文爱好者.北京：北京科学技术出版社.

二、参考信息：星座

　　星座是指天上一群群的恒星组合。在三维的宇宙中，这些恒星其实相互间没有实际的联系，不过是在天球这一球壳面上的位置相近而已。自古以来，人们就对恒星的排列和形状很感兴趣，并把一些位置相近的星连起来组成星座。每个星座均冠以神话故事中的人物、动物或器具等的名称。基本上，将恒星组成星座是一个随意的过程，在不同的文明中有由不同恒星所组成的不同星座。西方星座最早始于巴比伦时代，到了公元2世纪托勒密时代将全天分为48个星座，以后陆续有所增加，并在不断地改变与补充。星座在天文学中占有重要地位，于是1930年国际天文学会公布全天确定为88个星座及星座界线，其中北天28个，黄道12个，南天48个，使每一颗恒星都属于某一特定星座。这些正式的星座大多是以中世纪传下来的古希腊传统星座为基础进行划分的。

提示与答案

阅读与思考

思考1：有关猎户座的故事有很多版本。大体上讲，奥瑞恩是世上最伟大的猎人，奥瑞恩死后宙斯就把这位猎人放在天上，形成了猎户座。它是北方冬夜里很显眼的星座。

思考2：蟹状星云（M1或NGC1952）位于金牛座ζ星东北面，距地球约6 300光年。它是个超新星残骸，源于一次超新星（天关客星，SN1054）爆炸。气体总质量约为太阳的1/10，直径6光年，现正以每秒1 000千米的速度膨胀。星云中心有一颗直径约10千米的脉冲星。这颗超新星爆发后剩下的中子星是在1969年被发现的，其自转周期为33毫秒。

检测与评估

1 填空题

（1）金牛

（2）星团　星云　星系　类星体

2 简答题

（1）深空天体指的是天空上除了太阳系天体（如行星、彗星或小行星）和恒星外的天体。一般来说，这些天体都不能用肉眼见到——能用肉眼或双筒望远镜见到的只是其中的极少数。主要分为星云、星团、星系和类星体等。文中介绍了猎户座大星云M42和马头星云，金牛座的蟹状星云和昴星云M45。

（2）略。

7 聚集的繁星
JUJIDEFANXING ○ ○ ○

晴朗的夜晚，深邃的星空繁星点点，我们会发现天空中的星星并不是孤零零的，它们也会三五成群地聚在一起，或者紧密成团、或者疏散成群。

阅读与思考

在希腊神话中，七姊妹星团是月亮与狩猎女神阿尔忒弥斯的七位侍女的化身。神话中这七位仙女心地十分善良，曾经细心抚养过宙斯与一位仙女生下的儿子，宙斯对她们颇为感激。后来当七位仙女被猎户奥瑞恩追赶得走投无路时，宙斯就把七位仙女变成七只鸽子，让她们成功摆脱了奥瑞恩的纠缠，飞到天上，形成了天上的七姊妹星团。

思考1：神话里的七姊妹星团在中国又叫什么呢？我国的神话传说里都有哪些关于它们的美丽故事？它们处在哪个星座？在什么季节可以被我们看到呢？

浩瀚的银河系里有数以千亿计的恒星，除了单星、双星外，还有许多由多颗互相有物理联系的恒星聚集在一起组成的多重星系——聚星。这些聚星按照成员数目的多少可称为三合星、四合星等。例如，著名的北斗七星中的开阳星实际上是由七颗星组成的，我们就叫它七合聚星。

如果聚集在一起的恒星数目超过10个，并且远比周围的恒星密集，我们就把这些聚在一起的恒星称作星团。大的星团可能包含几十到几十万甚至几百万颗恒星。位于金牛座的昴星团是最明亮也是最有名的星团之一。在秋、冬季晴朗的夜空，我们单用肉眼就可以看到它。昴星团又常被称为七姊妹星团，是离我们最近也是最亮的几个疏散星团之一，而它其实是由300多颗恒星组成的，星团只不过其中的七颗格外"闪亮"。

像许多行星和恒星一样，这些星团也有自己的名字。天文学家一般采用简写的星表名称加上相应的编号对星团进行命名。天文爱好者最常用的是梅西耶星云星团表，在"M"后面加上数字编号就是某一个星团的名字，比如昴星团的梅西耶星表名叫M45。另外常用的还有新星云星团总表，简写为"NGC"。不过这些星表中不仅仅包括星团，还有许多星云和星系。

银河系中有众多星团，根据星团中恒星密集的程度和成员星的数量，天文学家把星团分为两大类：疏散星团（又称银河星团）和球状星团。

一、疏散星团

疏散星团的形状一般是不规则的，少则几十颗，多的可达两三千颗恒星。星团内成员分布得比较松散，如果用望远镜观测，可以比较容易地将成员星一颗颗地分开。疏散星团在银河系内的分布有明显的规律，它们一般集中在银道面两旁，大多数都分布在银纬 $-15°\sim+15°$ 处，因此疏散星团还有一个别名叫做银河星团。另外，与球状星团相比较，疏散星团内的恒星通常比较年轻、数量较少，而且大多数是蓝色恒星。疏散星团内的恒星几乎都是在同一时间诞生的，因此成为天文学家们研究恒星演化的重要对象。

盛满恒星的珠宝盒：疏散星团NGC 290

上图是哈勃空间望远镜拍摄到的疏散星团NGC 290的图像。这个星团里面的恒星，如同珠宝盒里的珍宝，闪烁着色彩斑斓的美丽光芒。疏散星团NGC 290位于小麦哲伦星系，包含数百颗恒星。

天文学家通常使用累积视星等的方法来表示星团的亮度，即当星团中所有恒星聚集到一点时对应的视星等。一些较亮的疏散星团，我们用肉眼就可以看见，比如天蝎座的M6（NGC 6405）、金牛座的昴星团（M45）、巨蟹座的"鬼星团"（M44）、双子座的M35（NGC 2168）等。疏散星团的直径从1.5秒差距到15秒差距，大多数在2秒差距到6秒差距之间。有些疏散星团还包含叫"团冕"的外围部分，其中包含了大量的暗星。

疏散星团中的大多数成员恒星属于星族Ⅰ，是比较年轻的恒星。疏散星团的年龄与成员星的个数有关，成员稀少的星团年龄明显低于成员众多的星团。此外，距离银心的距离越远，星团的平均年龄越大。在众多的疏散星团中，年轻的星团所占比例相当大。有些年轻的疏散星团与星云在一起（例如昴星团），有的疏散星团还正处在形成新恒星的过程中。

疏散星团里的恒星并不是静止不动的，天文学家可以利用高精度观测仪器测定这些恒星的自行运动，以此来研究疏散星团的速度和质量分布。疏散星团中还有一类星团离我们较近，其成员恒星在空间做互相平行的运动，由于透视效应，在地球上的观测者看来，这些成员恒星似乎来自一个辐射点。这种看起来具有辐射点的疏散星团叫做移动星团。著名的昴星团、毕星团和鬼星团等都是这种移动星团。除了移动星团外，疏散星团都有着共同的自行。

到目前为止，银河系中已发现的疏散星团有1 000多个。大多数已知的疏散星团距离太阳大约都在3 000秒差距以内。当然，更远的疏散星团一定是存在的，只不过它们或者处于密集的银河背景中无法被辨认，或者受到星际尘埃云的遮挡而没有被发现。据推测，银河系中的疏散星团的总数可能有1万到10万个。

二、球状星团

与疏散星团不同，球状星团是由许多恒星密集地聚集在一起形成的。球状星团一般呈球形或扁球形，与疏散星团相比，是更为紧密的恒星集团。球状星团的成员星数一般比疏散星团多得多，通常包含1万到1 000万颗恒星，这些恒星的平均质量比太阳略小。用望远镜观测时，我们会发现在球状星团的中央，恒星非常密集，以至于无法将它们分辨开。

球状星团中成员星具有大致相同的自行，相邻的恒星靠得很近，空间运动大致相同，同时还作为一个整体在空间运动。大部分球状星团的直径在20～150秒差距之间，成员星之间的平均空间密度是太阳附近恒星空间密度的50倍左右，中心密度则为1 000倍左右。球状星团中没有年轻的恒星，大多成员恒星属于星族Ⅱ，即老年恒星，年龄一般都在100亿年以上。根据天文学家的观测和推算，球状星团里有较多已死亡了的恒星。

球状星团在空间中的分布并不向银道面集中，而是围绕着银河系中心呈球形分布。它们距离银河系中心大多在6万光年以内，只有极少数分布在更远的地方。

银河系中已经被发现的球状星团有150多个，这些星团通常具有非常高的光度（绝对星等—4～—10等）。较亮的球状星团有天蝎座M4（NGC 6121）、猎犬座M3（NGC 5272）等。球状星团的累积光度很大，即使分布在很远的地方也能被我们看到，而且它们被浓密的星际尘埃云遮掩的可能性不大，因此还没有被发现的球状星团数量大致不超过100个，总数比疏散星团少得多。在银河系中的球状星团呈球形分布的前提下，天文学家就可以利用球状星团数目比较少的特点，通过球状星团很好地测定银河系的中心位置以及银盘的直径了。

思考2：如何通过球状星团来估计银河系的中心位置和银盘的直径呢？

球状星团M3

星团与星系一样，是宇宙的重要组成部分。研究各种不同的星团，可以帮助我们探寻宇宙的起源，帮助我们更好地预测宇宙的演化。

M3是位于猎犬座的球状星团。它比太阳还古老，早在地球形成之前，这些古老的恒星就已渐渐聚成一团，绕着年轻的银河系运行了。M3是最大也是最亮的几个球状星团之一。在北半球，天文爱好者只要通过双筒望远镜就可以欣赏到它了。星团直径约200光年，包含约50万颗恒星，其中大部分是又老又红的老年恒星。

思考3：球状星团在空间上的分布颇为奇特，其中约有1/3位于人马座附近，仅占全天空面积百分之几的范围。天文学家正是根据这个现象才推知太阳离银河系中心相当远。你能解释为什么吗？（提示：银河系的中心在人马座附近）

实践与思考

活动　了解星团离我们的距离

活动任务

学会用"主序重叠法"求球状星团的距离。

活动提示

　　球状星团是位于银河系银晕的呈球状的紧密恒星集团,一般包含$10^4 \sim$ 10^7颗恒星。由于它的大小和它到地球的距离相比可以忽略不计,所以其中的每颗恒星到地球的距离都可以视作相同的。通常,温度相同的主序星都具有相同的绝对星等,我们可以通过已知距离的球状星团的赫罗图,利用"主序重叠法"来求未知星团的距离。一般通过测量星团内恒星的亮度,可以知道它们的视星等,如果在不同的波段(例如B波段和V波段)测量出它们的视星等,就能对星团做出"颜色—星等"图,但它不是真正的赫罗图,因为图的横坐标是不同波段的星等之差(例如:B-V,天文学家们通常称之为"颜色",因为这个参数反应了恒星温度的高低,因此与恒星的颜色相关),而纵坐标却是恒星的视星等。通过这个图(为方便起见,记为图a)无法得到恒星的绝对星等,也就无法求出球状星团的距离。但是如果我们有了一个已知距离的球状星团的"颜色—星等"图(记为图b),就可以将这两个图的主序重叠在一起,由于图b中的恒星距离已知,很容易将b的纵坐标(视星等)转化成为绝对星等,这样我们从这两张重叠的图中就可以读出图a中恒星的绝对星等了,也就能得出图a中球状星团的距离了。其实,对于疏散星团也可以采取类似的方法,请大家想想。

活动步骤

　　已知球状星团M55的距离为1.73万光年,天文学家们画出了球状星团M5(图1)、M67(图2)、M55(图3)的赫罗图,求M5、M67距离的方法如下:

活动步骤

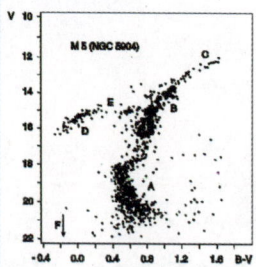
图1

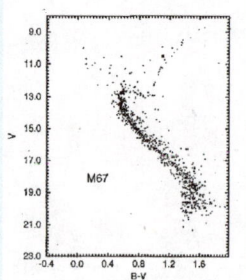
图2

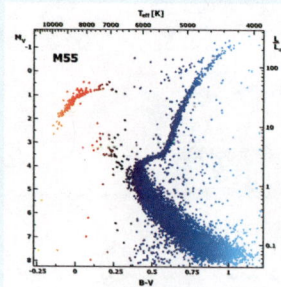
图3

　　图3的纵坐标是绝对星等，我们把图1和图2的横坐标与图3对齐，就能根据图3的纵坐标读出图1和图2中恒星的绝对星等，然后与图1和图2的纵坐标相比就可以知道图1和图2的距离模数了。比较三个赫罗图可得到：

　　星团M5的距离模数为：$m-M=5\lg r-5=18-3.5=14.5$ 等。易于求出距离 r 约为2.6万光年。（距离 r 的单位为秒差距，跟光年的换算公式为：1秒差距＝3.260光年。）

　　星团M67的距离模数为：$m-M=5\lg r-5=12.5-3.5=9$ 等。易于求出距离 r 约为2 000光年。

检测与评估

一、检测

1 填空题

　　（1）昴星团（M45）位于_____座，鬼星团位于_____座，它们都是_____星团。

　　（2）"七姊妹星团"是由_____多颗恒星组成的星团。

2 简答题

　　（1）诗经《国风·召南·小星》中说："嘒彼小星，维参与昴。肃肃宵征，抱衾与裯，实命不犹。"你知道诗中"参"和"昴"分别指的是什么星吗？它们分别处在什么星座中呢？

（2）总结一下疏散星团的基本特点。
（3）总结一下球状星团的基本特点。

二、评估

项目＼评估	等级（A好、B一般、C不好）	原因或补充
阅　读		
活　动		
思考题		
检测题		

资料与信息

参考资料

❶ 刘学富. 基础天文学. 北京：高等教育出版社，2004.
❷ 朱慈墭. 天文学教程. 北京：高等教育出版社，2003.
❸ 北京天文馆：http://www.bjp.org.cn

提示与答案

阅读与思考

思考1：七姊妹星团又叫昴星团，位于金牛座。冬季是观察它最好的季节。
思考2：略。
思考3：略。

1 填空题

（1）金牛　巨蟹　疏散

（2）300

2 简答题

（1）参：星宿名。共七星，四角四星，中间横列三星。古人又以横列的三星代表参宿。昴（卯mǎo）：也是星宿名，又叫旄头，共七星。古人以为五星，有昴宿之精变化成五老的传说。分别在猎户座和金牛座。

（2）疏散星团是指由数百颗至上千颗由较弱引力联系的恒星所组成的天体，直径一般不超过数十光年。疏散星团中的恒星密度不一，而与球状星团中恒星高度密集相比，疏散星团中的恒星密度要低得多。疏散星团只见于恒星活跃形成的区域，包括旋涡星系的旋臂和不规则星系。一般来说，疏散星团都很年轻，只有数百万年的历史，比地球上的不少岩石还要年轻。

（3）参见"阅读与思考"部分。

宇宙的云朵 8

YUZHOUDEYUNDUO

抬眼望去，天空中的云朵，美丽、壮观而又略显缥缈。乘坐飞机在云中穿行时，你一定欣赏过那绚丽的美景吧。其实在茫茫的宇宙中，有着许许多多更加壮丽而灿烂的云朵。我们把它们称之为星云。

阅读与思考

一、星云的发现

1758年8月28日晚，一位名叫梅西耶的法国天文学家在巡天搜索彗星的观测中，突然发现一个在恒星间没有位置变化的云雾状斑块。梅西耶根据经验判断，这块斑形态类似彗星，但它在恒星之间没有位置变化，显然不是彗星。这是什么天体呢？在没有揭开答案之前，梅西耶将这类发现详细地记录下来，并将第一次发现的金牛座中的云雾状斑块列为第一号，即M1（"M"是梅西耶名字的首字母）。

最初所有在宇宙中的云雾状天体都被称作星云。后来随着天文望远镜的发展，人们的观测水准不断提高，才把原来的星云划分为星团、星系和星云三种类型。

梅西耶建立的星云天体序列，至今仍然在使用。他于1781年发表的不明天体记录（梅西耶星表），

梅西耶天体图

引起英国著名天文学家威廉·赫歇尔的高度关注。在经过长期的观察核实后，赫歇尔将这些云雾状的天体命名为星云。

思考1：想一想文中所述梅西耶判断所观察到的云雾状天体一定不是彗星的理由是什么。

当我们提到宇宙空间时，往往会想到那里是一无所有的、黑暗而寂静的真空。其实，这不完全对。恒星之间广阔无垠的空间也许是寂静的，但远不是真正的"真空"，而是存在着各种各样的物质。这些物质包括星际气体、尘埃、粒子流、宇宙线和星际磁场等，人们把它们叫做"星际物质"。

星际物质在宇宙空间的分布并不均匀。在引力的作用下，某些地方的气体和尘埃可能相互吸引而密集起来，形成云雾状。人们形象地把它们叫做星云。

同恒星相比，星云具有质量大、体积大、密度小的特点。一个普通星云的质量至少相当于上千个太阳的质量，半径大约为10光年。人们常根据星云的位置或形状来命名，例如：猎户座大星云、网状星云。

二、星云的种类

银河系中的星云，按照发光性质，可以分为发射星云、反射星云和暗星云等几种；按照形态，可以分为弥漫星云、行星状星云、超新星遗迹等几种。

（一）发射星云

发射星云是受到附近炽热光量的恒星激发而发光的，这些恒星所发出的紫外线会电离星云内的氢气，令它们发光。

发射星云能辐射出各种不同色光的游离气体云（也就是电浆）。造成游离的原因通常是来自邻近恒星辐射出来的高能量光子。大质量恒星的光子是造成游离的根源，而行星状星云是垂死的恒星抛出来的外壳被暴露的高热核心加热游离而成的。通常，一颗年轻的恒星在诞生的过程中都会造成周围的部分气体游离，虽然只有质量大且热的恒星能造成大量的游离，但一个年轻的星团常常也会造成相同的结果。

星云的颜色取决于化学成分和被游离的量。由于在星际间的气体绝大部分都是只需要较低能量就被游离的氢，所以许多发射星云都是红色的。如果有更高的能量可造成其他元素的游离，那么绿色和蓝色的云气都有可能出现。经对星云光谱的研究，天文学家可以推断组成星云的化学元素。大部分发射星云都有90%的氢，其余的部分则是氦、氧、氮和其他元素。

在北半球，最著名的发射星云是天鹅座的北美洲星云（NGC 7000）和网状星云（NGC 6960/6992）。在南半球最好看的则是

北美洲星云

在人马座的礁湖星云M8和猎户座的猎户星云（M42）。在南半球更南端的则是明亮的卡利纳星云（NGC 3372）。

发射星云经常会有黑斑出现，这是云气中的尘埃阻挡光线造成的。发射星云和尘埃的组合经常会形成一些看起来很有趣的天体，而许多这一类的天体都会以神话或比喻的形式来命名，例如北美洲星云和锥星云。

（二）反射星云

反射星云是靠反射附近恒星的光线而发光的，呈蓝色。由于散射对蓝光比红光更有效率（这与天空呈现蓝色和落日呈现红色的原因相同），所以反射星云通常都是蓝色的。

从天文学的角度分析，反射星云只是由尘埃组成并能反射附近恒星或星团光线的云气。这些邻近的恒星没有足够的热让云气像发射星云那样因被电离而发光，但有足够的亮度可以使尘粒因散射光线而被看见。因此，反射星云显示出的频率光谱与照亮它的恒星相似。

（三）暗星云

如果气体尘埃星云附近没有亮星，则星云将是黑暗的，即为暗星云。暗星云既不发光，也没有光给它反射，但是可以吸收并散射来自它后面的光线。暗星云的密度足以遮蔽来自背景的发射星云或反射星云的光（比如马头星云），或是遮蔽背景的恒星。因此可以在恒星密集的银河中或是明亮的弥漫星云的衬托下被发现。

天文学上的消光通常来自于大的分子云内温度最低、密度最高部分的星际尘埃颗粒。大而复杂的暗星云聚合体经常与巨大的分子云联结在一起，小且孤独的暗星云被称为包克球。

这些暗星云的形成通常是无规则可循的，它们没有被明确定义的外型和边界，有时会形成复杂的蜿蜒形状。巨大的暗星云用肉眼就能看见，在明亮的银河中看上去像一块黑暗的补丁。暗星云的内部是发生重要事件的场所，比如恒星的形成。

（四）弥漫星云

弥漫星云正如它的名称一样，没有明显的边界，常常呈现为不规则的形状，犹如天空中的云彩。它们一般需要使用望远镜才能观测到，很多只有用天体照相机作长时间曝光才可以。它们的直径在几十光年左右，密度平均为每立方厘米10~100个原子（事实上这比实验室里得到的真空要低得多）。它们主要分布在银道面附近。比较著名的弥漫星云有猎户座大星云、马头星云等。

（五）行星状星云

行星状星云呈圆形、扁圆形或环形，因与大行星很相像而得名，但和行星没有任何联系。不是所有行星状星云都是呈圆面的，有些行星状星云的形状十分独特，如位于狐狸座的M27哑铃星云及英仙座的M76小哑铃星云等。还有的形状类似吐出的烟圈，中心是空的，而且往往有一颗很亮的恒星在行星状星云的中央，称为行星状星云的中央星，一般是正在演化成白矮星的恒星。中央星不断向外抛射物质，形成星云。可见，行星状星云是恒星晚年演化的结果，它们是与太阳质量差不多的恒星演化到晚期，核反应停止后，走向死亡时的产物。比较著名的有宝瓶座耳轮状星云和天琴座环状星云。行星状星云的体积处于不断膨胀之中，因此其生命不会太长，估计为数万年。

（六）超新星遗迹

超新星遗迹是由超新星爆发后抛出的气体形成的。与行星状星云一样，这类星云的体积也在不断膨胀之中，最后也趋于消散。

最有名的超新星遗迹是金星座中的蟹状星云。它是由一颗在1054年爆发的银河系内的超新星留下的遗迹。在这个星云中央已发现有一颗中子星，但因中子星体积非常小，用光学望远镜无法观测到。人们是靠它发射的脉冲式无线电波辐射才发现它的，并在理论上确定为中子星。

实践与思考

活动　目视观测：观察不同类型的亮星云

活动任务

目视观测星云，认识星云，了解其结构。

活动准备

利用天文望远镜进行目视观测时，要选择合适的目镜。主要考虑以下两点：第一，选择适当的放大倍率，而不是越大越好。根据前一单元所讲的经验公式，观测用最好的放大率为有效口径的2倍。显然，如果望远镜的有效口径较小，选用的放大率也相应要低一些。第二，放大率越高，视场会变得越小、越暗。一位天文学家说得好：对星云的观测，清晰比大小更有价值。因此，每次观测前，根据观测目的，选用几种目镜试一试，然后再决定选用哪一种。

活动提示

❶ 为了达到好的观测效果，我们需要找一块天空背景足够黑暗且视线不受遮挡的场地。这就要求一定要远离夜晚灯光明亮的城镇地区。最好选择无月的夜晚。

❷ 推荐观测目标：猎户座星云（弥漫星云）、蟹状星云（超新星遗迹）、狐狸座的M27（哑铃星云）。

活动步骤

望远镜调整完毕后，通过目镜，仔细观察星云的表面。切记，通过望远镜所看到的星云在方向上与真实情况是相反的。

活动步骤

思考2：如果要观测猎户座星云，你该选用哪种类型的天文望远镜？

检测与评估

一、检测

简答题

（1）为什么我们能够观测到暗星云？

（2）星云主要分为哪些类型，它们的特点是什么？

（3）冬季的夜晚，最明显的星云是什么？

二、评估

项目 \ 评估	等级（A好、B一般、C不好）	原因或补充
阅　读		
活　动		
思考题		
检测题		

资料与信息

参考资料

❶ 刘学富. 基础天文学. 北京：高等教育出版社，2004.

❷ 朱慈盛. 天文学教程. 北京：高等教育出版社，2003.

❸ 北京天文馆：http://www.bjp.org.cn

提示与答案

阅读与思考

思考1：这些天体相对于周围恒星没有位移。

实践与思考

思考2：应该选择一架焦距适中的折射望远镜。

检测与评估

简答题

（1）暗星云虽然既不发光，也没有光给它反射，但是将吸收并散射来自它后面的光线，因此可以在恒星密集的银河中或是明亮的弥漫星云的衬托下被发现。

（2）略。

（3）猎户座大星云。

星系——宇宙中壮丽的天体，茫茫宇宙的组成基石。星系使天文学家的超凡想象力发挥到了极致，也让人类智慧的触角感知到了隐藏在宇宙最深处的自然真谛。夜空中那些遥远的星系仿如最真实的宇宙化石，忠实地记录了宇宙各个时期的千姿百态，又向今天的人们倾诉着宇宙过去的种种悲欢离合。星系展现给人们的不仅是一张张雄奇瑰丽的宇宙图画，更是一幅充满诗情画意的宇宙历史长卷。

阅读与思考

一、星系

　　遥望星空，那横贯天际、蔚为壮观的银河总能让人们欣然神往，思绪万千。仔细观察的话，我们会发现银河实际上是由许许多多的恒星所组成的。天文学家们把这种由千百亿颗恒星以及分布在它们之间的星际气体、宇宙尘埃等物质构成的天体系统叫做星系。大的星系包含了几万亿颗恒星，它们的直径可以达到数十万光年，小一点的星系也起码含有几百万颗恒星。我们的银河系包含几千亿颗恒星，太阳就是这些恒星中的普通一员。宇宙中有1 000多亿个星系，理论上我们最多能观测到的星系大约占一半，约为500亿个，而天文学家们已经仔细研究过的只有几千个。

　　天文学家们习惯把除银河系以外的星系统称为"河外星系"。河外星系的发现可以追溯到200多年前。1794年，法国天文学家梅西耶通过长期观测，编制出了著名的"梅西耶星云星团表"，其中编号为M31的星云在天文学史上有着重要的地位。每到初冬的夜晚，熟悉星空的人便可以在仙女座内用肉眼找到它——一个模糊的斑点，俗称仙女座大星云。从1885年起，人们就在仙女座大星云里陆续地发现了许多新星，从而推断出仙女座星云不是一团仅仅只能反射光线的尘埃气体云，而是由许许多多恒星构成的系统。1924年，美国天文学家哈勃计算出仙女座星云的准确距离，证明它确实是在银河系之外的一个巨大、独立的恒星集团。这一发现在天文学界引起了很大反响，人们从此揭开了认识宇宙的新篇章。

思考1：我们用肉眼最多能看见多少个星系？

二、星系分类

　　天文学上对新发现的天体总是先进行分类，星系也不例外。对星系进行分类是研究星系物理特征和演化规律的重要手段。1926年，哈勃根据星系的形状特征，系统地提出星系分类法，这种方法一直沿用至今。他把星系分为三大类：椭圆星系、旋涡星系和不规则星系。旋涡星系又可分为正常旋涡星系和棒旋星系。后来天文学家们在此基础上又对星系进行了更细致的分类，做了一些补充，得到的结果可以画为一个类似音叉的图，称为哈勃音叉图。

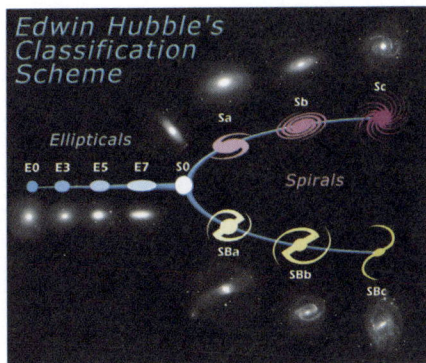

星系分类的哈勃音叉图

（一）椭圆星系

椭圆星系位于哈勃音叉图最左端，是指形状成圆球形或椭圆形的河外星系。其中心区域最亮，向边缘逐渐变暗。椭圆星系里的恒星数目较多，而且都紧紧地围成一团，只有用大型望远镜才能区分出它的外围成员。椭圆星系里没有或仅有少量星际气体和星际尘埃，它们大部分都转变成了恒星。有趣的是，不同椭圆星系的质量可以相差很大，质量最小的矮星系（指最暗的一类星系）与球状星团相当，仅有数百万颗恒星；而质量最大的超巨型椭圆星系（称为巨椭圆星系）很可能是宇宙中最大的恒星系统，包含近10万亿颗恒星！椭圆星系的典型颜色是黄红色，这说明它们里面的恒星一般比较老。椭圆星系在星系王国中的数量虽然不如旋涡星系多，却大多位于大星系团里，而且巨椭圆星系常常就在核心，算得上是星系团里的首脑了。椭圆星系还可以细分为很多次型。天文学家用字母E代表椭圆星系，在E后面加上数字来表示级别，这样就又把它们分成了很多类。例如，E0表示最圆的椭圆星系，E1略扁，E2又比E1扁……E7则表示最扁的椭圆星系。

巨椭圆星系NGC 1316

（二）旋涡星系

在星系世界中，大多数成员的外形呈旋涡状。旋涡星系核心部分有一个球形隆起（称为核球），核球外侧为薄薄的盘状结构，从星系盘的中央向外缠绕着几条长长的旋臂。旋涡星系不像椭圆星系那样个体差异巨大，它们的质量差别不大，大约是太阳质量的几十亿到几千亿倍。旋涡星系最引人瞩目的地方就是它的旋臂了。大多数旋涡星系只有两条旋臂，也有少数的有三条旋臂，例如银河系。旋臂是很多亮星的栖息地，所以看起来特别明亮。旋臂上的恒星比较年轻，所以它的颜色偏蓝。有些旋涡星系的旋臂上有明显的亮蓝斑，那是正在形成新恒星的区域。除了恒星外，旋臂上还有星际气体和尘埃，很多旋涡星系的旋臂前部都有暗黑的尘埃窄条。如果我们观察得足够仔细的话，可以发现其实旋涡星系的外表也有所差别。天文学家把旋涡星系大家族又分为三个小家族，分别用Sa、Sb、Sc表示。Sa型旋涡星系的中心区域面积最大，而且旋臂缠绕得最紧；Sb型中心区域小一些，旋臂展得更开；Sc型的中心区缩小成了一个小亮核，而旋臂却松弛开去，看上去好像快要被什么东西给吹走了似的。

美丽的旋涡星系M81

（三）棒旋星系

棒旋星系是旋涡星系的一种，它们在组成、结构等各方面都与旋涡星系相似，不同的是，它们有一个由恒星组成的"棒"贯穿核心部分。这个恒星棒和核心部分似乎连成一体并快速旋转，而旋臂却和它们不同，好像是拖在棒和核的后面缓缓转动，从棒的两端延伸开去。在旋臂里可以看到明亮的星云物质、疏散星团和一些黑暗的物质带。最近的研究表明，银河系就是一个巨型的棒旋星系。天文学上，棒旋星系一般用字母SB表示。它们又可分为三类：正常棒旋星系（按照旋臂从紧卷到展开的次序，又分为SBa、SBb、SBc三种次型）、透镜型棒旋星系SB0、不规则棒旋星系SBd和SBm。透镜型棒旋

棒旋星系NGC 1300

星系比较奇怪，它们核心有棒，外面却没有旋臂；不规则棒旋星系则更加特立独行，它们的恒星棒常常不在星系的中心，而且旋臂也被"拉扯"得七零八落，很不规则。

（四）不规则星系

有些星系外形不规则，没有明显的核和旋臂，也没有旋转对称结构，天文学家们便把它们称为不规则星系。不规则星系气体含量多，质量小，通常只有太阳质量的1千万到1亿倍。这类星系用字母Irr表示，在全天最亮的星系中只占5%。它们又可以分为两类：IrrⅠ类有隐约可见、不规则的棒状结构；IrrⅡ类具有无定型的外貌，分辨不出恒星、星团等组成部分，而且往往带有明显的尘埃带。有些IrrⅡ星系可能是爆发后的星系，如M82，另一些则可能是受伴星系的引力扰动而扭曲了的星系。距离我们最近的两个星系——大麦哲伦云和小麦哲伦云都是不规则棒旋星系，它们是480多年前麦哲伦环球航行时首次在南半球发现的，因为看上去一个大一个小，所以得名。它们都是银河系的卫星星系。

（五）透镜星系

在旋涡星系和椭圆星系之间有一种过渡型星系，它们有一

不规则星系大麦哲伦云

个很薄的盘，核球也比较扁平，却几乎没有什么气体，天文学家把它们划分为透镜星系。主要有两种类型：无棒的S0型和有棒的SB0型。透镜型棒旋星系最有意思，它们没有旋臂，仅仅在中心有一个恒星棒和核球，看上去既不像旋涡星系也不像椭圆星系。

透镜星系NGC 3115

思考2：梅西耶星表和新星系总表（NGC）是什么？

三、活动星系

星系除了可以根据外形进行分类外，还可以根据它们的活动情况分成不同的类型。没有猛烈的活动现象或剧烈的物理过程的星系也称为正常星系，例如旋涡星系中的银河系、M31，椭圆星系中的M60等；而那些存在剧烈爆发、喷流等恒星活动现象的星系则称为活动星系，例如椭圆星系M87就是一个活动星系。事实上，即使用最现代的大型望远镜也很难将活动星系与正常星系从形态上做出明确的区分，那么天文学家们又是怎么鉴别的呢？这要归功于光谱分析。不同于太阳，活动星系的辐射并不集中在可见光学波段，因此只有在20世纪40年代多波段观测技术成熟后，当美国天文学家塞弗特利用威尔逊山的望远镜将目光投向部分旋涡星系中心的明亮点源，发现这一类星系的光谱与普通星系的截然不同时，人们才开始认识到这小部分星系是与"正常"的旋涡、椭圆和不规则星系有着本质区别的。总体来说，普通星系的光谱辐射流量的峰值位于可见光波段，是连续谱上叠加吸收线；而活动星系的光谱除了具有显著的发射线外，其辐射流量峰值一般位于X射线波段或紫外波段，也有很多活动星系在红外波段有很强的辐射。为了纪念最早发现活动星系的美国天文学家卡尔·塞弗特，天文学家将这一类活动星系命名为塞弗特星系，与另外三类（类星体、射电星系和Blazar）共同构成活动星系的"四大家族"。

（一）射电源和射电星系

射电源是指宇宙中发射很强无线电波的天体，现在已经发现 3 万多个射电源，其中只有少数是恒星，绝大多数是星云（射电星云）和星系。射电星系就是具有射电源的星系的统称。现在发现的射电星系多半是椭圆星系或巨椭星系，巨椭星系半人马座A就是一个著名的河外射电星系。天鹅座A是历史上第一个被发现的射电星系，也是迄今为止发现的最亮的射电星系。

（二）类星体

类星体是活动星系的高能核心。从照相底片上看与恒星类似，可是它们的红移却与遥远的星系不相上下。现在人们已经清楚类星体是距离我们十分遥远的天体，以第一个被确认的类星体3C 273为例，通过判断其谱线的红移可以确定它的距离为660百万秒差距。类星体的发现对现有的物理和天文理论提出了巨大挑战，被誉为20世纪60年代天文学的四大发现之一。

（三）塞弗特星系

塞弗特星系是星系中心或者星系核发出十分明亮可见光的一类星系的总称，它们多数都是旋涡星系。据天文学家推测，旋涡星系的核心部分就是质量超大的黑洞。尽管它们的核心远比一般星系亮，和类星体比起来却要暗得多了。另外，它们看上去就和正常星系一样，旋臂、核球等结构都清晰可见，而不像类星体那样仅仅是一个小亮点。这类星系光谱的最显著特征是其远红外波段辐射很强，尤为特别的是在某些波段（包括光学波段）这种额外辐射的强度居然是不断变化的。

（四）别的活动星系

还有一类活动星系，英文名称为Blazar。其射电和光学波段的图像为普通的点源，但Blazar直到20世纪70年代才被发现。这类活动星系核的辐射强度变化时标为几天时间，全部都是射电强的变源。我们在此不做介绍了。

星系世界多姿多彩，还有许多种，例如两个或多个星系碰撞而成的"互扰星系"、恒星形成过程非常猛烈的"星暴星系"，也都是备受天文学家们关注的特殊星系。

四、星系团和超星系团

有趣的是，由于万有引力的影响，巨大的星系往往会聚集在一起，成群出现，构成星系群或星系团。而且，星系的这种"群居"习惯比起恒星更

正在与别的星系相撞的星系NGC 6745

是有过之而无不及。绝大部分星系（至少85%以上）都是出现在星系团中的。当然，这样的"部落"大小不一，包含的星系个数相差极为悬殊。小的只有十几个或几十个成员，也称为星系群，比如银河系所在的本星系群。多的可以有几千个，甚至上万个成员，比如后发星系团。像这样的大部落一般都有一个或几个"首领"——巨椭圆星系，它位于星系团中央，四周聚集着它的"亲信"——椭圆星系或透镜星系，而旋涡星系和不规则星系则散布在更加外围的区域。更令人惊奇的是，这些星系"部落"在空间分布上也会三五成群，形成"联盟"，这就是超星系团。

后发星系团中心是两个巨椭圆星系

实践与思考

活动 ① 星系分类练习

活动任务

　　1926年哈勃依据大量的观测资料提出了一个星系分类方案，后来经过几十年的修改和补充，成为现在通用的哈勃分类。现用已知类型的星系图片，熟悉哈勃分类法，进行星系分类练习。

a.

b.

c.

d.

e.

f.

g.

h.

思考3：如果旋涡星系M31侧向对着我们，将会是什么样子？

活动 2 星系的计算

活动任务

学会计算星系中心的质量。

活动步骤

下图是哈勃空间望远镜拍摄的"草帽星系"（M104）中心区域的光谱。这些谱线都是星系中心附近不同区域的电离热气体（包括氧离子和氮离子）发出的，最上面是正中心区的光谱，下面两条是紧邻正中心区域的光谱。很明显，由于宇宙膨胀，M104正离我们远去，图中的所有谱线都发生了红移。在图的上方，虚线所指的数字是在实验室里测得的静止谱线波长，单位为埃。

❶ 根据图中的标度，求出M104的整体退行速度，并根据哈勃定律求出M104离地球的距离。取哈勃常数（H_0）的值为70 km·s^{-1}·Mpc^{-1}。

❷ 第三条光谱的红移比第一条大，这表明发出这些谱线的热气体相对于星系中心有一定的运动速度，求出这个速度。

活动步骤

❸ 已知②中的气体团离星系中心的距离至少为500 000 AU在（天文单位），求这个星系中心的质量［以$m_\odot$（太阳质量）为单位］。（提示：可将气体团的运动与地球绕太阳的运动类比。）

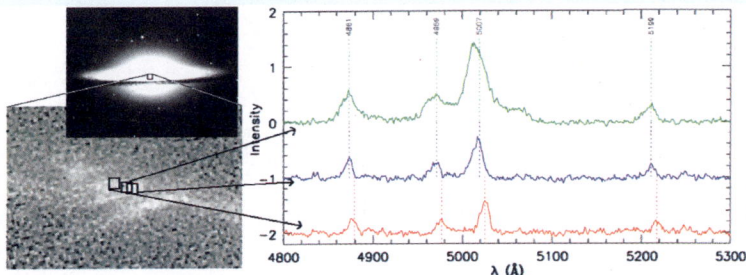

活动提示

❶ M104的整体退行速度应由中心区域的光谱（即图中的第一条光谱）红移来求，取四根谱线红移的平均值，得：

$z_{ave}=（\Delta\lambda/\lambda）_{ave}\approx0.0022$，

因为$z\ll1$，因此退行速度为$v=cz=660$ km/s。

根据哈勃定律，星系的距离$d=v/H_0=660/70$ Mpc $=9.43$ Mpc。

❷ 第三条光谱的红移量比第一条谱线大$\Delta z\approx0.0007$，因此发出这条光谱的气体相对于星系中心的运动速度为：

$v_1=c\Delta z\approx210$ km/s。

❸ 气体团绕星系中心做圆运动，其速度为：

$v_1=2\pi r/T=210$ km/s，　　　（1）

其中r为气体团到中心的距离（500 000 AU），T为运动周期。地球绕太阳运动的速度约为：

$v_2=2\pi a/P=30$ km/s，　　　（2）

其中$a=1$ AU，$P=1$年。

两式相除得：$r/T=7$，

r以AU为单位，T以年为单位。

气体团的质量（m）和星系中心的质量（M）相比可以忽略，根据开普勒第三定律，容易求得：

$M=r^3/T^2=49r=2.45\times10^7\ m_\odot$。

检测与评估

一、检测

1 选择题

（1）星系团、星系与球状星团三者的关系为（　　）

A. 球状星团属于星系，星系属于星系团

B. 球状星团属于星系团，但不属于星系

C. 星系属于星系团，也属于球状星团

D. 星系属于球状星团，但不属于星系团

（2）猎犬座中的星系M51(NGC 5194)是（　　）

A. 旋涡星系

B. 椭圆星系

C. 不规则星系

（3）银河系属于（　　）

A. 椭圆星系

B. 旋涡星系

C. 活动星系

D. 棒旋星系

E. 不规则星系

（4）下列关于大麦哲伦星系的描述，不正确的是（　　）

A. 属于不规则星系

B. 在北京地区，偶尔在南方地平面上看到

C. 超新星SN1987A就是在此星系中爆发的

D. 属于肉眼可见的星系，不需要借助望远镜

E. 该星系中没有明显的亮星

2 简答题

（1）按照哈勃的星系分类方法，星系可以分为哪几类？

（2）星系与星云谁的尺度更大？

（3）旋涡星系和椭圆星系有什么不同？

（4）旋涡星系的核心一般看上去颜色较黄，旋臂则偏蓝色，为什么？

二、评估

项目＼评估	等级（A好、B一般、C不好）		原因或补充
阅　读			
活　动	活动1		
	活动2		
思考题			
检测题			

资料与信息

参考资料

❶ 斯隆数字巡天：http:// www.sdss.org
❷ 星系动物园：http:// www.galaxyzoo.org

提示与答案

阅读与思考

思考1：略。

思考2：1758年，法国天文学家梅西耶在搜索彗星时发现了金牛座的蟹状星云。从那以后，他专门致力于观测星云状天体，发现了许多星云、星团和星系并汇成了梅西耶星表。在星表中，每个天体都用M做字头再加以编号，如蟹状星云为M1。表中所列天体共110个，亮度大多在10等以内，使用小型天文望远镜都可以看到。

《星云星团新总表》，简称NGC星表。该列表最初是在1880年制作出来的，表中包括星云、星团、星系共7 840个，这些天体被称为NGC天体。NGC是最全面的目录列表之一，它包括了所有类型的深空天体（并非只包括星系）。随后，它增加了NGC星表的补表，简称IC星表，包括星云、星团、星系5 836个。梅西耶星表中的110个M天体是NGC和IC星表中的精华，也是天空中最壮观、最漂亮的天体。

实践与思考

思考3：M31旋涡星系侧面看上去很像一块铁饼，中间凸起，四周扁平。从凸起的部分螺旋式地伸展出若干条狭长而明亮的光带——旋臂。

检测与评估

1 选择题

（1）A （2）A （3）B （4）B

2 简答题

（1）哈勃分类只是从形态上对星系进行的分类，从椭圆星系到旋涡星系，并不是一个演化序列。旋涡星系核球上的恒星年龄一般较老，颜色偏黄，旋臂上往往有许多年轻的蓝白色亮星正在形成，因此颜色偏蓝。我们一般提到的星云都是星系内的天体。注意，星系里不是只有恒星，恒星之间的介质、星云、尘埃等也都属于星系的一分子。

（2）星系尺寸大。

（3）旋涡星系无论在形态结构上还是在恒星成分上同椭圆星系都有很大的不同。当然，旋涡星系的核部像个椭圆星系，但仅此而已。旋涡星系的旋臂里含有大量的蓝巨星、疏散星团和气体星云。仙女座星系M31便是一个典型的旋涡星系。相比而言，椭圆星系的年龄更老，其质量光度比约为50～100，而旋涡星系则约为2～15。这表明椭圆星系的产能效率远远低于旋涡星系。椭圆星系的直径范围是1～150千秒差距；总光谱型为K型，是红巨星的光谱特征；颜色比旋涡星系红，说明年轻的成员星没有旋涡星系里的多；由星族Ⅱ天体组成，没有或仅有少量星际气体和星际尘埃。椭圆星系中没有典型的星族Ⅰ天体蓝巨星。

（4）略。

天上的马拉松比赛 10

——梅西耶天体马拉松

天上的天体也有马拉松比赛？这到底是怎么回事呢？今天就让我们来了解一下这别开生面的天上马拉松赛。

 阅读与思考

一、梅西耶天体简介

首先让我们来认识一下什么是梅西耶天体。

梅西耶天体，天文学上称为M天体，它涵盖了天区各个角落的星云、星团及星系等天体。梅西耶天体表是法国天文学家梅西耶为了能更好地发现外星系（其实梅氏星表中的大多数都是星云）而用小口径望远镜对天上观测到的天体编排成的星表。之前我们学过的M42、M31和"草帽星系"M104（位于室女座的旋涡星系）都是梅西耶天体。

M42和M43

M31

 **思考：M42和M31分别是哪两个星座里的深空天体？**

二、梅西耶天体马拉松简介

梅西耶天体马拉松竞赛，是一种针对M天体的天体观测活动。每年春分前后的晴朗无月的夜晚，就是观测梅西耶天体的最佳时机。通常这段时间，我们在一个晚上就可以观测到110个梅西耶天体中的109个。这种赛跑式的梅西耶天体观测也被天文爱好者们形象地称为"梅西耶马拉松"。

对于一般天文爱好者来说，梅西耶马拉松难度最大的就是观测日落后很快落下的几个目标，包括比较暗的星系M74和M77等。正所谓机不可失，时不

再来，如果它们落到地平线以下，就观测不到了。这就需要我们平时多到户外熟悉各天体的位置，这样在正式观测的时候就不会找不到它们了。

对于我国北方大部分地区来说，3月的夜晚还是比较寒冷的，而且梅西耶马拉松是个漫长而艰苦的过程，因此在观测时应注意保暖，在观测前的几天还得保持充足的睡眠。"长跑"一旦开始，要想观测到更多的梅西耶天体，基本上是没有时间休息的。

梅西耶天体马拉松就是要在一个晚上观测所有的M天体。要想在一个晚上观察全并不容易，除了考验观测者对天区的熟悉掌握程度外，天气、地理环境、太阳及月亮的位置也是重要影响因素。因此，进行马拉松式的观测只能当太阳运行到宝瓶座处缺少梅西耶天体的天区时才有可能。观测者的地理纬度也会对一部分梅西耶天体的观测有少许的影响。

实践与思考

活动 ① 练习寻找梅西耶天体

活动任务

找一个晴朗的夜晚，到郊外利用星图来认识尽可能多的梅西耶天体。

活动 ② 梅西耶天体马拉松

活动任务

在春分前后的晴朗无月的夜晚，进行梅西耶天体马拉松比赛。为了提高成功率，建议大家在这段时间内多外出几次，最好先进行几次预赛，以保证最后的决赛一次成功。

活动提示

　　进行梅西耶天体马拉松时，先准备好观测记录，观测时一定要抓紧时间，平均对每个天体的观测时间不超过5分钟。

检测与评估

一、检测

①　选择题

（1）从地球上看，下列天体在天球上的角距离最近的是（　　）

A．M44和M67

B．M31和M110

C．M33和M34

D．M41和M42

（2）以下星座中距离M13角距离最近的是（　　）

A．天琴座

B．飞马座

C．双鱼座

D．狮子座

（3）以下梅西耶天体里距离地球最远的是（　　）

A．M22

B．M31

C．M42

D．M45

②　简答题

（1）用自己的话来描述什么是梅西耶天体马拉松。

（2）找一个合适的时间进行一次实地活动来检验你的理解程度。

二、评估

项目 ＼ 评估		等级（A好、B一般、C不好）	原因或补充
阅　读			
活　动	活动1		
	活动2		
思考题			
检测题			

资料与信息

一、参考资料

《天文爱好者》杂志社编.天文爱好者. 北京:北京科学技术出版社.

二、参考信息

① 梅西耶天体表:

编号(图)	NGC(IC)	赤经	赤纬	视星等	星座	注释
M 1	1952	05h 34.5m	+22° 01′	8.4	金牛座	蟹状星云
M 2	7089	21h 33.5m	−00° 49′	6.5	宝瓶座	球状星团
M 3	5272	13h 42.2m	+28° 23′	6.2	猎犬座	球状星团
M 4	6121	16h 23.6m	−26° 32′	5.6	天蝎座	球状星团
M 5	5904	15h 18.6m	+02° 05′	5.6	巨蛇座	球状星团
M 6	6405	17h 40.1m	−32° 13′	5.3	天蝎座	疏散星团
M 7	6475	17h 53.9m	−34° 49′	4.1	天蝎座	疏散星团
M 8	6523	18h 03.8m	−24° 23′	6.0	人马座	发射星云
M 9	6333	17h 19.2m	−18° 31′	7.7	蛇夫座	球状星团
M10	6254	16h 57.1m	−04° 06′	6.6	蛇夫座	球状星团
M11	6705	18h 51.1m	−06° 16′	6.3	盾牌座	疏散星团
M12	6218	16h 47.2m	−01° 57′	6.7	蛇夫座	球状星团
M13	6205	16h 41.7m	+36° 28′	5.7	武仙座	球状星团
M14	6402	17h 37.6m	−03° 15′	7.6	蛇夫座	球状星团
M15	7078	21h 30.0m	+12° 10′	6.2	飞马座	球状星团
M16	6611	18h 18.8m	−13° 47′	7.0	巨蛇座	疏散星团
M17	6618	18h 20.8m	−16° 11′	6.0	人马座	发射星云
M18	6613	18h 19.9m	−17° 08′	7.5	人马座	疏散星团
M19	6273	17h 02.6m	−26° 16′	6.8	蛇夫座	球状星团
M20	6514	18h 02.6m	−23° 02′	9.0	人马座	发射星云
M21	6531	18h 04.6m	−22° 30′	6.5	人马座	疏散星团
M22	6656	18h 36.4m	−23° 54′	5.1	人马座	球状星团
M23	6494	17h 56.8m	−19° 01′	6.9	人马座	疏散星团
M24	6603	18h 16.9m	−18° 29′	4.6	人马座	恒星云
M25	IC4725	18h 31.6m	−19° 15′	6.5	人马座	疏散星团
M26	6694	18h 45.2m	−09° 24′	8.0	盾牌座	疏散星团

编号(图)	NGC(IC)	赤经	赤纬	视星等	星座	注释
M27	6853	19h 59.6m	+22° 43′	7.4	狐狸座	行星状星云
M28	6626	18h 24.5m	−24° 52′	6.8	人马座	球状星团
M29	6913	20h 23.9m	+38° 32′	7.1	天鹅座	疏散星团
M30	7099	21h 40.4m	−23° 11′	7.2	摩羯座	球状星团
M31	224	00h 42.7m	+41° 16′	3.4	仙女座	螺旋星系
M32	221	00h 42.7m	+40° 52′	8.1	仙女座	椭圆星系
M33	598	01h 33.9m	+30° 39′	5.7	三角座	螺旋星系
M34	1039	02h 42.0m	+42° 47′	5.5	英仙座	疏散星团
M35	2168	06h 08.9m	+24° 20′	5.3	双子座	疏散星团
M36	1960	05h 36.1m	+34° 08′	6.3	御夫座	疏散星团
M37	2099	05h 52.4m	+32° 33′	6.2	御夫座	疏散星团
M38	1912	05h 28.4m	+35° 50′	7.4	御夫座	疏散星团
M39	7092	21h 32.2m	+48° 26′	4.6	天鹅座	疏散星团
M40	–	12h 22.4m	+58° 05′	8.4	大熊座	双星
M41	2287	06h 46.0m	−20° 44′	4.6	大犬座	疏散星团
M42	1976	05h 35.4m	−05° 27′	4.0	猎户座	发射星云
M43	1982	05h 35.6m	−05° 16′	9.0	猎户座	发射星云
M44	2632	08h 40.1m	+19° 59′	3.7	巨蟹座	疏散星团
M45	–	03h 47.0m	+24° 07′	1.6	金牛座	疏散星团
M46	2437	07h 41.8m	−14° 49′	6.0	船尾座	疏散星团
M47	2422	07h 36.6m	−14° 30′	5.2	船尾座	疏散星团
M48	2548	08h 13.8m	−05° 48′	5.5	长蛇座	疏散星团
M49	4472	12h 29.8m	+08° 00′	8.4	室女座	椭圆星系
M50	2323	07h 03.2m	−08° 20′	6.3	麒麟座	疏散星团
M51	5194	13h 29.9m	+47° 12′	8.4	猎犬座	螺旋星系
M52	7654	23h 24.2m	+61° 35′	7.3	仙后座	疏散星团
M53	5024	13h 12.9m	+18° 10′	7.6	后发座	球状星团
M54	6715	18h 55.1m	−30° 29′	7.6	人马座	球状星团
M55	6809	19h 40.0m	−30° 58′	6.3	人马座	球状星团
M56	6779	19h 16.6m	+30° 11′	8.3	天琴座	球状星团
M57	6720	18h 53.6m	+33° 02′	8.8	天琴座	行星状星云
M58	4579	12h 37.7m	+11° 49′	9.7	室女座	螺旋星系
M59	4621	12h 42.0m	+11° 39′	9.6	室女座	椭圆星系
M60	4649	12h 43.7m	+11° 33′	8.8	室女座	椭圆星系
M61	4303	12h 21.9m	+04° 28′	9.7	室女座	螺旋星系
M62	6266	17h 01.2m	−30° 07′	6.5	蛇夫座	球状星团

编号(图)	NGC(IC)	赤经	赤纬	视星等	星座	注释
M63	5055	13h 15.8m	+42° 02′	8.6	猎犬座	螺旋星系
M64	4826	12h 56.7m	+21° 41′	8.5	后发座	螺旋星系
M65	3623	11h 18.9m	+13° 05′	9.3	狮子座	螺旋星系
M66	3627	11h 20.2m	+12° 59′	8.9	狮子座	螺旋星系
M67	2682	08h 50.4m	+11° 49′	6.1	巨蟹座	疏散星团
M68	4590	12h 39.5m	−26° 45′	7.8	长蛇座	球状星团
M69	6637	18h 31.4m	−32° 21′	7.6	人马座	球状星团
M70	6681	18h 43.2m	−32° 18′	7.9	人马座	球状星团
M71	6838	19h 53.8m	+18° 47′	8.2	天箭座	球状星团
M72	6981	20h 53.5m	−12° 32′	9.3	宝瓶座	球状星团
M73	6994	20h 58.9m	−12° 38′	9.0	宝瓶座	星群
M74	628	01h 36.7m	+15° 47′	9.4	双鱼座	螺旋星系
M75	6864	20h 06.1m	−21° 55′	8.5	人马座	球状星团
M76	650	01h 42.4m	+51° 34′	10.1	英仙座	行星状星云
M77	1068	02h 42.7m	−00° 01′	8.9	鲸鱼座	螺旋星系
M78	2068	05h 46.7m	+00° 03′	8.3	猎户座	发射星云
M79	1904	05h 24.5m	−24° 33′	7.7	天兔座	球状星团
M80	6093	16h 17.0m	−22° 59′	7.3	天蝎座	球状星团
M81	3031	09h 55.6m	+69° 04′	6.9	大熊座	螺旋星系
M82	3034	09h 55.8m	+69° 41′	8.4	大熊座	不规则星系
M83	5236	13h 37.0m	−29° 52′	7.6	长蛇座	螺旋星系
M84	4374	12h 25.1m	+12° 53′	9.1	室女座	透镜状星系
M85	4382	12h 25.4m	+18° 11′	9.1	后发座	透镜状星系
M86	4406	12h 26.2m	+12° 57′	8.9	室女座	透镜状星系
M87	4486	12h 30.8m	+12° 24′	8.6	室女座	椭圆星系
M88	4501	12h 32.0m	+14° 25′	9.6	后发座	螺旋星系
M89	4552	12h 35.7m	+12° 33′	9.8	室女座	椭圆星系
M90	4569	12h 36.8m	+13° 10′	9.5	室女座	螺旋星系
M91	4548	12h 35.4m	+14° 30′	10.2	后发座	螺旋星系
M92	6341	17h 17.1m	+43° 08′	6.4	武仙座	球状星团
M93	2447	07h 44.6m	−23° 52′	6.0	船尾座	疏散星团
M94	4736	12h 50.9m	+41° 07′	8.2	猎犬座	螺旋星系
M95	3351	10h 44.0m	+11° 42′	9.7	狮子座	螺旋星系
M96	3368	10h 46.8m	+11° 49′	9.2	狮子座	螺旋星系
M97	3587	11h 14.8m	+55° 01′	9.9	大熊座	行星状星云
M98	4192	12h 13.8m	+14° 54′	10.1	后发座	螺旋星系

续表

编号(图)	NGC(IC)	赤经	赤纬	视星等	星座	注释
M99	4254	12h 18.8m	+14° 25′	9.9	后发座	螺旋星系
M100	4321	12h 22.9m	+15° 49′	9.3	后发座	螺旋星系
M101	5457	14h 03.2m	+54° 21′	7.9	大熊座	螺旋星系
M102	5866	15h 06.5m	+55° 46′	10.5	天龙座	星系
M103	581	01h 33.2m	+60° 42′	7.4	仙后座	疏散星团
M104	4594	12h 40.0m	−11° 37′	8.0	室女座	螺旋星系
M105	3379	10h 47.8m	+12° 35′	9.3	狮子座	椭圆星系
M106	4258	12h 19.0m	+47° 18′	8.4	猎犬座	螺旋星系
M107	6171	16h 32.5m	−13° 03′	7.9	蛇夫座	球状星团
M108	3556	11h 11.5m	+55° 40′	10.0	大熊座	螺旋星系
M109	3992	11h 57.6m	+53° 23′	9.8	大熊座	螺旋星系
M110	205	00h 40.4m	+41° 41′	8.5	仙女座	椭圆星系

❷ 梅西耶天体马拉松建议观测顺序:

M45、M42、M43、M41、M35、M31、M32、M110、M77、M33、M79、M74、M76、M52、M103、M34、M38、M36、M37、M1、M78、M50、M47、M46、M93、M48、M44、M67、M81、M82、M108、M97、M109、M40、M106、M94、M63、M51、M101、M95、M96、M105、M65、M66、M98、M99、M100、M85、M84、M86、M87、M89、M90、M88、M91、M58、M59、M60、M49、M61、M53、M64、M3、M104、M68、M83、M5、M102、M13、M92、M12、M10、M14、M107、M4、M80、M62、M19、M9、M6、M7、M8、M20、M21、M23、M24、M18、M25、M17、M16、M22、M28、M11、M26、M57、M56、M39、M29、M27、M71、M69、M70、M54、M55、M75、M15、M2、M72、M73、M30。

提示与答案

阅读与思考

思考题:M42(NGC 1976)是位于猎户座的发射和反射星云,也就是著名的猎户座大星云。M31(NGC 224)是位于仙女座的著名巨型旋涡星系,是银河系的近邻。

检测与评估

1 选择题

（1）A　（2）A　（3）B（提示：M22为1.01万光年，M31为290万光年，M42为0.16万光年，M45为0.038万光年。）

2 简答题

（1）在一个夜晚观测100个以上的梅西耶天体的活动叫做"梅西耶天体马拉松"。

这种观测每年只能举行一次，即在每年3月的下半月，这时太阳运行到缺少梅西耶天体的地区，因此日落到日出的整个夜晚有可能观测到所有的梅西耶天体。在这段时间选择一个晴朗无月的夜晚，再找一个既空旷又无灯光干扰的观测地点，准备好观测的记录用具：天文望远镜（口径不必太大）、双筒望远镜（7×35）、不同焦距的目镜、精密星图、钟表、记录用照明手电、书写板等。

观测之前应该制订一个科学的观测计划。按观测次序将梅西耶天体重新列一个表。通常是从明亮的昴星团的（M45）和猎户座大星云（M42）开始，接着是仙女座大星云（M31），它位于西方低空，天黑以后很快就会落下。随着地球自转，新的观测目标会不断进入视线。最后一个观测目标是宝瓶座疏散星团（M73），日出之前它在东方天空升起很短一段时间。

实际观测过程中，一定要抓紧时间，平均每个天体不能超过5分钟。如果有个别天体实在找不到，就跳过它去观测下一个目标。

（2）略。

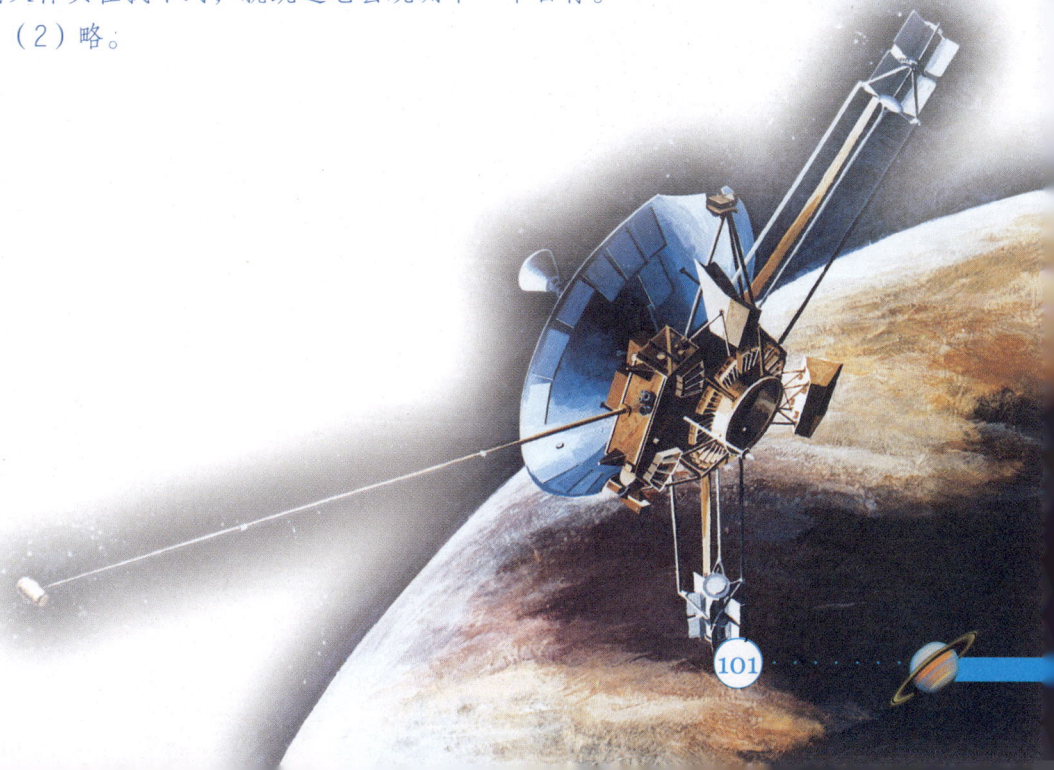

11 从哈勃望远镜说起

CONGHABOWANGYUANJINGSHUOQI

—— 大型天文望远镜简介

1957 年苏联成功发射人造地球卫星，标志着人类航天时代的到来，从此人类的天文观测就冲破了地球大气的限制。哈勃太空望远镜、依巴谷天体测量卫星和伦琴射线卫星等空间探测器一个个相继升空。空间探测使得人们在短短几十年间就在天文学的很多方面取得了令人瞩目的成就。今天我们就来认识一下哈勃望远镜等大型天文望远镜的一些情况。

阅读与思考

一、哈勃太空望远镜

　　哈勃太空望远镜由口径为2.4米的反射望远镜和两个太阳能电池的双翼组成。哈勃望远镜定位在离地球表面568千米的圆形轨道上飞行。哈勃太空望远镜比地面望远镜的优越之处在于它在大气层外运行，不受地球大气层的影响，因此有很高的分辨率；并且有很宽的工作波段和很高的灵敏度，所以它传回的图像都非常清晰。

　　1990年4月24日，由"发现号"航天飞机把哈勃望远镜送入高空。它第一次发送回地球的天体图像十分模糊，经检查发现原来是哈勃望远镜的光学系统有像差，后来查明问题出在镜面磨制时检测镜的位置错了1.3毫米，这就是"失之毫厘，谬以千里"。于是，1993年12月2日，7名宇航员登上宇航船，在太空中对哈勃空间望远镜进行了为期12天的维修，修好了哈勃太空望远镜。从此哈勃太空望远镜就开始向地球上的人们展示宇宙中的各种奇观，让科学家们更加深刻地认识我们周围的宇宙。

思考1：除了哈勃望远镜，查查还有哪些空间望远镜？

二、其他大型望远镜

　　其实在哈勃太空望远镜出现之前，地球上已经出现了很多大型的天文望远镜，其中很多比哈勃望远镜要大很多，只是因为受到了大气的影响，所以它们的观测能力才没被完全地释放出来。下面介绍几个著名的大型望远镜。

（一）凯克望远镜

　　美国的凯克望远镜分为两个主镜，均是10米口径的望远镜（分别称为凯克 I 和凯克 II，都建在夏威夷的莫纳亚克山上）。凯克望远镜是由36块直径为1.8米、厚10厘米的镜子组合成的，有效口径为10米，焦距为17.5米。它是目前世界上最大的光学望远镜。

凯克望远镜

阿雷西博抛物面射电望远镜

甚大射电望远镜阵

兴隆观测站2.16米望远镜

（二）美国的阿雷西博（Arecibo）抛物面射电望远镜

阿雷西博射电望远镜是直径达305米的抛物面射电望远镜。它利用一个山谷作为它的镜面。该望远镜始建于1963年，用于研究地球的电离层。如今，该望远镜仅有1/3时间用于电离层的研究，另外1/3时间用于观测星系，余下的1/3时间被用于进行脉冲星天文学研究。

（三）美国的甚大望远镜阵（VLA）

甚大射电望远镜阵，简称甚大阵，常用VLA表示。1981年建成于美国新墨西哥州圣阿古斯丁平原，隶属于美国国家射电天文台。它由27面直径25米、重230吨的可移动的抛物面天线组成，分别安置在三个铺有铁轨的臂上，呈Y形。其中两个臂长是21千米，另一个臂长为20千米。每个臂上放置9面天线。工作波段最短可达0.7厘米，因此天线抛物面的精度非常高。最高分辨角为0.05角秒，已经优于地面上的大型光学望远镜了。根据观测要求，可分别作连续谱、射电谱线和甚长基线干涉测量的观测研究工作。

（四）中国最大的光学望远镜

中国目前最大的是2.16米望远镜，安装在国家天文台兴隆观测站，它对推动我国天体物理学的发展起着重大作用。

（五）大天区面积多目标光纤光谱巡天望远镜（LAMOST）

中国自己筹建的一台大天区面积多目标光纤光谱巡天望远镜，建在国家天文台兴隆观测站。它的有效口径是4米，主要用于天体的光谱巡天观测。LAMOST是一架具有国际前沿水平的、高精度的、复杂的光学和机电一体化系统，它将使中国天文学在大规模光学光谱观测以及大视场天文学研究上居于国际领先地位。

LAMOST望远镜

思考2：现代望远镜为什么都追求很大的口径？

实践与思考

活动　参观我国2.16米望远镜

活动任务

在条件允许的情况下，到国家天文台兴隆观测站参观我国最大的望远镜——2.16米望远镜。

思考3：查阅资料了解一下国家天文台兴隆观测站的历史。

检测与评估

一、检测

❶ 填空题

（1）我国目前最大的望远镜是_____米望远镜。

（2）哈勃太空望远镜由口径为_____的反射望远镜和_____的双翼组成。_____月送入高空，在_____月修好了哈勃太空望远镜。

❷ 简答题

（1）说出几个世界上的大型望远镜。

（2）从网络上搜索一些由大型望远镜拍摄的天体照片，感受一下它们强大的能力。

二、评估

项目 ＼ 评估	等级（A好、B一般、C不好）	原因或补充
阅　读		
活　动		
思考题		
检测题		

资料与信息

参考资料

❶ 刘学富.基础天文学.北京：高等教育出版社，2004.

❷《天文爱好者》杂志社编.天文爱好者.北京：北京科学技术出版社.

提示与答案

阅读与思考

思考1：略。

思考2：物镜口径越大，分辨角越小，望远镜的分辨本领越高，分辨出天体细节的能力越强。此外，望远镜的口径越大，收集到的光越多，就能够看到越为暗弱的天体。基于以上原因，现代的大型望远镜都以追求大的物镜口径为主要目标。

实践与思考

思考3：略。

检测与评估

1 填空题

（1）2.16

（2）2.4米　两个太阳能电池　1990年4　1993年12

2 简答题

（1）略。

（2）略。

12 宇宙的箴言
YUZHOUDEZHENYAN

宇宙是天生的兄弟，一个是时间，一个是空间。时间兄弟告诉我，我的步伐有三种：未来姗姗来迟、现在像箭一般飞逝、过去永远静止不动。空间兄弟告诉我，我的形体有三种：长度绵延无穷、宽度辽阔万里、深度深陷无底。

阅读与思考

　　宇宙是什么样的呢？宇宙有多大？宇宙是由什么构成的？宇宙有没有诞生之日和终结之时呢？自古以来，人类一直都在尝试着探寻宇宙的奥秘。随着人类社会的发展，文明程度的提高，人们对于宇宙观念的认识也在不断地发展和变化着。

　　中国是世界古老文明的发源地之一，对天文学的研究有着灿烂的历史，在天象记载、天文仪器制作和宇宙理论方面都留下了珍贵的纪录。早在16世纪以前，中国古代天文学家落下闳、张衡、祖冲之、一行、郭守敬等，就已经设计制造出了精巧的观测仪器，并且通过恒星观测，以定岁时，改进历法，继而形成了三种比较系统的宇宙学说。《晋书·天文志》中写道："古言天者有三家，一曰盖天，二曰宣夜，三曰浑天。"

　　思考：我国古代的三种关于宇宙学的假说分别是什么？它们的基本含义分别是什么？

一、宇宙的组成和结构

　　宇宙是广漠空间和其中存在的各种天体以及弥漫物质的总称。宇宙中的天体绚丽多彩，有着极高的层次性。那么，宇宙是有限的还是无限的呢？让我们先来看看宇宙的组成和结构吧。

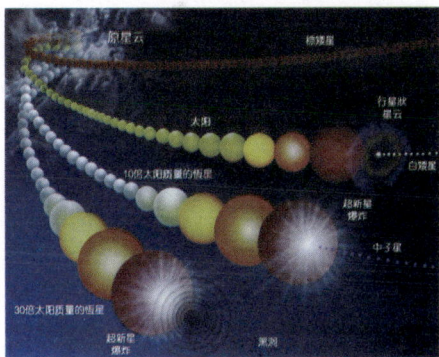

（一）行星

　　我们居住的地球是太阳系的一颗大行星。太阳系一共有八颗大行星：水星、金星、地球、火星、木星、土星、天王星、海王星。除了大行星以外，还有60多颗卫星、为数众多的小行星、难以计数的彗星和流星体等。它们都是离我们地球较近的天体，也是人们了解较多的天体。

（二）恒星和星云

夜空中闪闪发光的星星绝大多数是恒星，恒星是像太阳一样，本身能发光发热的星球。银河系内就有1 000多亿颗恒星。

除了恒星之外，还有一种云雾状的天体，称为星云。星云由极其稀薄的气体和尘埃组成，形状很不规则，如著名的猎户座大星云（M42）。

（三）银河系及河外星系

银河系是一个庞大的恒星集团，包括约1 000亿颗恒星，太阳是其中的一颗。天穹上的光点大多数是银河系中的恒星，但也有相当多的发光体是来自类似于银河系的巨大恒星集团，历史上曾被误认为是星云，我们称它们为河外星系。现在天文学家已经知道宇宙中存在约1 000亿个以上的星系，著名的仙女星系（M31）、大（小）麦哲伦星云就是肉眼可见的河外星系。星系代表了宇宙结构中的一个层次，而从宇宙演化的角度看，它是比恒星更基本的层次。

（四）星系团

星系在宇宙中的空间分布不是没有规律的，它们也有成团分布的现象。上千个星系构成的大集团叫星系团。只有约10%的星系属于这种大星系团。大部分的星系只是构成十几、几十或上百个成员的小团体。但可以肯定的是，星系团是宇宙结构中比星系更大的一个新层次。这一层次的尺度大小约为百万秒差距，平均质量是星系平均质量的100倍。

（五）大尺度结构

人们把10百万秒差距（Mpc）以上的结构称为宇宙的大尺度结构（目前观测到的宇宙的大小是104百万秒差距）。至今大尺度上的观测事实还不是十分明确。有迹象表明，星系在大尺度上的分布呈泡沫状，即有许多看不到星系的"空洞"区，而星系聚集在空洞的壁上，呈纤维状或片状结构。这一层次的结构也叫做超星系团。

总之，若把星系看成是宇宙物质的基本单元，那么星系的分布状况就是宇宙结构的表现。现在看来，直至50百万秒差距的尺度为止，星系的分布才呈现出有层次的结构。

需要说明的是，经过天文学家的研究发现，宇宙并不仅仅是由发光的可见物质所组成的，其中相当一部分是由一些不发光的暗物质以及暗能量组成的。有关暗物质和暗能量的研究是现代天文学的一个前沿焦点问题，而它们的性质和真实"身份"对人类来说仍然是个未解之谜。

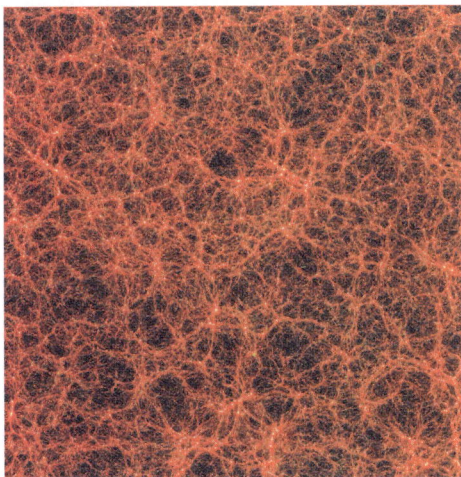

宇宙大尺度结构

从大尺度上来看，宇宙是什么样子的呢？天文学家们利用计算机模拟得到了这幅图像。这个结果与宇宙学理论相符：在其中我们可以清晰地看到宇宙中的空洞和纤维状结构，而且也能看到由星系聚集在壁上呈现出的那些较亮的节点。

二、宇宙的起源

我们所生存的这个宇宙是一个物质世界，它始终处于不断的运动和发展之中。《淮南子·原道训》写道："四方上下曰宇，古往今来曰宙，以喻天地。"即是说宇宙是天地万物的总称。千百年来，科学家们一直在探寻宇宙是什么时候、又是如何形成的。

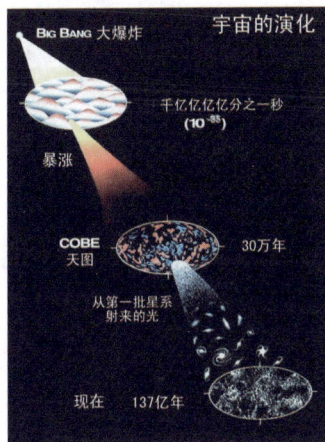

20世纪以来，天文学家们为了揭示宇宙的起源和演化，建立起了多种宇宙模型。在众多的宇宙模型中，影响较大而且被广泛采用的是"热大爆炸宇宙学说"。这个理论认为，今天的宇宙是在约137亿年前发生的一次大爆炸而产生并形成的。在爆炸发生之前，宇宙内的所存物质和能量都聚集到了一起，并浓缩成很小的体积，温度极高，密度极大，之后就发生了大爆炸。大爆炸使物质四散出击，宇宙空间不断膨胀，温度则随着膨胀相应下降。后来相继出现的宇宙中的所有星系、恒星、行星乃至生命，都是在这种不断膨胀冷却的过程中逐渐形成的。热大爆炸宇宙学说能够很好地解释许多重要的宇宙学观测结论以及现在宇宙的组成结构。然而，大爆炸而产生宇宙的理论尚不能确切地解释"在所存物质和能量聚集在一点上"之前到底存在着什么。

热大爆炸宇宙学说的产生历史和创始人：

1927年，比利时天文学家勒梅特提出均匀各向同性膨胀宇宙学模型。

1932年，勒梅特提出"原始原子"爆炸形成宇宙的概念。

1948年，美籍俄裔天文学家伽莫夫发展了勒梅特思想，奠定了大爆炸宇宙论的基础。

（一）宇宙学红移和哈勃定律

当人们意识到宇宙是由成千上万个像银河系一样的星系构成的时候，一个疑问便产生了：包含了这么多天体的宇宙究竟是在向中心塌缩还是在向外部膨胀呢？这个谜团一直到20世纪初才被一个叫埃德温·哈勃的天文学家解开。

热大爆炸理论的最直接证据来自对遥远星系所发出光线特征的研究。20世纪20年代，天文学家们注意到距离我们较远的星系的颜色比较近的星系的颜色要稍微偏红一些（称作红化）。天文学

哈勃

家哈勃仔细测量了这种红化，并且发现这种红化效应是系统性的，即星系离我们越远，它就显得越红。

大家都知道，光的颜色与它的波长有关。在白光光谱中蓝光位于短波端，红光位于长波端。这些遥远星系颜色的红化说明它们的光线波长已稍微变长了。哈勃发现的遥远星系的谱线向较长波段（较红）移动的现象也就是

天文学上所说的"红移"，通常用"z"来表示。当"z"的值为正数时，星系发生"红移"，即在朝背离我们的方向运动；反之，当"z"的值为负数时，星系发生"蓝移"，即在朝着我们运动。

20世纪30年代，哈勃发现几乎所有的星系都具有正的红移值。换句话说，所有的星系都在远离我们。根据宇宙学原理，宇宙中的各个地方应该具有相同的性质，因此他得出一个结论：宇宙处在不断的膨胀之中，而星系发出的光波变红（长）也正是由于这个原因而造成的。哈勃的这个重大发现奠定了现代宇宙学的基础。

在这个发现的基础上，哈勃用一个等式将星系离开我们的速度（退行速度）与星系相对于我们的距离联系起来，这就是著名的"哈勃定律"。哈勃定律以非常简单的形式表示了宇宙膨胀的规律，它指出一个星系的退行速度 v 恰恰等于它离我们的距离 r 乘以一个常数，这个常数就是天文学上十分常用的哈勃常数 H_0。

$$v = H_0 r \quad ①$$

另外，星系的退行速度也可以用红移来表示，则①式可以转化为：

$$cz = H_0 r \quad ②$$

其中，c 是真空中的光速。按照天文学的惯例，退行速度和距离的单位一般取 $Mpc \cdot s^{-1}$ 和 Mpc（百分秒差距）。

（二）3K宇宙微波背景辐射

早在20世纪40年代末，热大爆炸宇宙学说的鼻祖伽莫夫认为，我们的宇宙正沐浴在早期高温宇宙的残余辐射中，其温度约为6开。正如一个火炉虽然不再有火了，但还可以冒一点热气。

1964年，美国贝尔电话公司年轻的工程师——彭齐亚斯和威尔逊，在调试巨大的喇叭形天线时，出乎意料地接收到一种无线电干扰噪声，它在各个方向上信号的强度都一样，而且历时数月而无变化。于是，他们把天线拆开重新组装，却依然接收到这种无法解释的噪声。经过分析后彭齐亚斯和威尔逊认为，这种噪声肯定不是来自人造卫星，也不可能来自太阳、银河系或某个河外星系射电源，原因是在转动天线时，噪声强度始终不变。

后来，经过进一步测量和计算，他们发现噪声与温度是2.7开的黑体辐射相当，这种噪声一般称之为3K宇宙微波背景辐射。这一发现鼓舞了许多从事大爆炸宇宙论研究的科学家。因为彭齐亚斯和威尔逊的观测竟与宇宙大爆炸理论所预言的残余温度如此接近，这是对宇宙大爆炸理论非常有力的支持！3K宇宙微波背景辐射是继1929年哈勃发现红移后的又一重大天文发现。

宇宙微波背景辐射的发现，为观测宇宙开辟了一个新领域，也为各种宇宙模型提供了一个新的观测约束，它因此被列为20世纪60年代天文学四大发现之一。彭齐亚斯和威尔逊于1978年获得了诺贝尔物理学奖。瑞典科学院在颁奖决定中指出："这一发现，使我们能够获得很久以前宇宙创生时期所发生的宇宙过程的信息。"

根据热大爆炸宇宙学说，约137亿年前，宇宙从最初炙热的"奇点"爆炸开来，在不断暴胀和降温的过程中，相互作用的各种粒子逐渐独立出来，进入到至今无法探测到的"黑暗年代"，仅仅存留

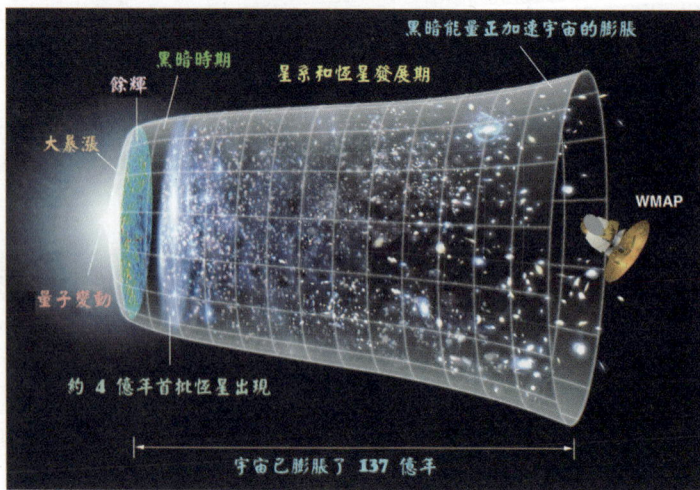

宇宙的演化轨迹

下低温的宇宙微波背景辐射。随着时间的推移，经历了再次电离的宇宙中开始产生出最原始的第一代恒星，这些恒星由年轻到衰老，直至死亡，继而演化成第一代超新星和黑洞，造成物质的不断作用和堆积，而塌缩成早期星系，即原星系。在此之后的漫长时间里，宇宙中的天体不断地产生、演化并死亡，周而复始，直到形成了今天这样缤纷多彩的宇宙空间。

实践与思考

活动　测定膨胀的宇宙

活动任务

利用多普勒公式求出河外星系退行速度与距离之间的关系，了解宇宙为什么膨胀。

活动准备

毫米尺。

活动步骤

我们用图列出5个星系的光谱。每个都有以亮线为标志的上下界。从图中可以看到CaⅡ的H、K谱线向红端移动了。离我们越远其红移量越大，一般认为是宇宙正在膨胀。那么，就可以通过测量光谱波长变化的数量，计算出每一个星系的视向速度V_r。可用多普勒公式给出：

$$V_r = c \times (\lambda_r / \lambda)$$

c是光速，为300 000 km/s，λ是以埃为单位的光谱线的实验波长，λ_r是以埃为单位的光谱线的移动量（λ_r＝实际波长－实验波长）。

最后，以星系的速度（km/s）和距离（Mpc）为纵、横坐标，按5个星系的测量数据，做一个速度—距离坐标图。虽然公式是线性关系，但坐标系上绘出的不会是一条直线。通过观察所绘出的图，可以看出速度随距离的增加而增大。

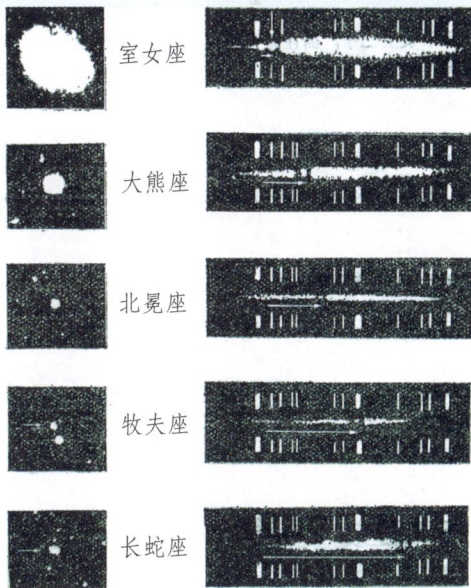

室女座

大熊座

北冕座

牧夫座

长蛇座

检测与评估

一、检测

1 选择题

（1）目前我们认为宇宙的年龄大约为（　　）

A. 46亿年

B. 140亿年

C. 500亿年

D. 1400亿年

E. 5 000亿年

（2）天文学家如何得知遥远的星系正以高速远离我们而去？（　　）

A. 星系光谱显示红位移

B. 星系角直径明显变小

C. 可见的星系数量明显减少

D. 星系的分布位置有明显的改变

E. 夜空的背景亮度越来越暗

（3）哈勃定律表示（　　）

A. 距离越远的星系，靠近我们的速度越快

B. 星系奔离我们的速度与其距离无关

C. 星系奔离我们的速度与其距离的平方成比例

D. 极遥远处的星系与近处的星系都属于同一类

E. 宇宙正在膨胀中

2 简答题

（1）比较古代中国主要的三种宇宙学说和现代的宇宙观，分别有哪些准确性和局限性呢？

（2）假设一个星系的红移$z=1$，那么这个星系是朝哪个方向运动的呢？它的运动速度为多少（用km/s表示）？它距离我们多远呢（用Mpc表示）？

（3）1929年，美国天文学家哈勃发现绝大多数河外星系都正在远离地球（称为"退行"），距离我们越远的星系，退行的速度越大，这就是著名的"哈勃定律"。图1是哈勃定律的示意图，图2是根据最新观测结果绘制

的Ⅰa超新星"红移—距离模数"关系图（包含186颗河外Ⅰa型超新星的观测数据）。图2的纵坐标是这些Ⅰa型超新星的距离模数，即$m-M$，m是超新星最亮时的视星等，M是最亮时的绝对星等，横坐标是超新星的红移。

① 假定宇宙的膨胀始终遵循哈勃定律（也就是说，宇宙一直均匀地线性膨胀），导出Ⅰa超新星的距离模数与红移的关系式。（提示：哈勃常数记为H_0，光速记为c，不考虑相对论效应）

② 目前天文学家们经常把哈勃常数的值取为$H_0 = 72 \ \text{km} \cdot \text{s}^{-1} \cdot \text{Mpc}^{-1}$，根据图1的结果，在图2中画出$z$和$m-M$的函数关系图，并据此判断现在的宇宙膨胀是加速的还是减速的。

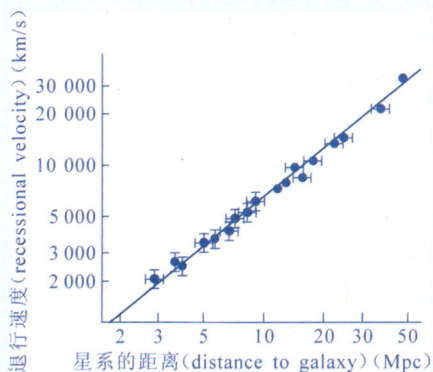

图1

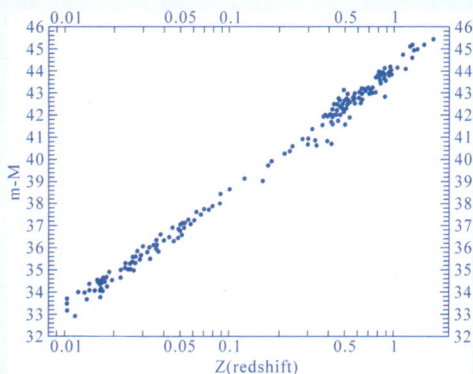

图2

二、评估

评估 项目	等级（A好、B一般、C不好）	原因或补充
阅 读		
活 动		
思考题		
检测题		

资料与信息

参考资料

❶ 刘学富. 基础天文学. 北京：高等教育出版社，2004.
❷ 何香涛. 观测宇宙学. 北京：北京师范大学出版社，2007.
❸ 梦幻星宇：http://star.xkyn.com

提示与答案

阅读与思考

略。

检测与评估

❶ 选择题

（1）B　（2）A　（3）E

❷ 简答题

（1）略。

（2）略。

（3）根据哈勃定律 $v=H_0r$，其中退行速度 $v=cz$（非相对论条件下），H_0 是哈勃常数，r 为河外星系的距离，以 Mpc 为单位。r 和距离模数的关系为：

$m-M=5\lg r-5$　①

将哈勃定律代入①式：

$m-M=5\lg(cz/H_0)-5$　②

可见，如果宇宙一直均匀地线性膨胀，距离模数和红移的对数应该是线性关系，正如图1所示的那样。

把 $H_0=72\ \text{km}\cdot\text{s}^{-1}\cdot\text{Mpc}^{-1}$ 代入 ②式，

$m-M=5\lg z+13$

实际观测的 Ⅰa 型超新星"红移—距离模数"偏离线性关系，红移越大偏离越明显，这表明过去的宇宙膨胀速度比现在慢，因此得出宇宙正在加速膨胀。